U0339653

医学的未来 | 系列
The Future of Medicine

你为什么与众不同

[英] 丹尼尔·M.戴维斯————————著
by Daniel M.Davis

——相容性基因

石海英 谢芸 郑晓石————译

SCIENCE
BOOK PRIZE
英国皇家学会
科学图书奖
SHORTLIST

THE
COMPATIBILITY GENE

How Our Bodies Fight Disease,
Attract Others,and Define Our Selves

CTS 湖南科学技术出版社

致
凯蒂、布莱欧妮和杰克

寄语专业人士

　　免疫学涉猎颇广，精密复杂。本书不仅试图探讨免疫学中的核心思想，同时还会提到一些对免疫学的发展起到关键作用的科学家的故事。然而，在免疫系统和相关的遗传学等领域，做出了杰出贡献的科学家数不胜数，本书无法提到所有人，而提到的人当中，有些也只能粗略说上几句。我希望尽我最大的努力，让普通读者能清晰地了解相关的科学思想，所以行文时能省则省，能略则略。简而言之，精彩的故事太多，了不起的科学家也太多，限于篇幅，无法尽述。从事免疫学研究的学者会注意到，在本书中，有些部分描述得比较详细，如，我对一类基因相关信息的讨论要比二类基因多得多；有些，则较简单，甚至都没有提及。我写这本书的目的，并不是完整而又详细地阐述免疫系统，只是泛泛地谈谈那些重要并有趣的知识，如人类免疫系统基因的变体等。因为一本书讲不完整个故事，所以在此向未能在本书中出现或只有寥寥片语提到的专家们表示歉意。

目　录

前　言

　　我先讲一个小故事，有一个普通人，过着平凡快乐而忙碌的生活。有一天，他看到房间的一个角落开了一扇门。他好奇地靠近这扇门，想知道它通向哪里。然而当他靠近时，却发现门口有人守着。从远处看，守卫似乎挺强壮，走近一瞧，也不过尔尔。守卫警告这人，说从来没有人走进过这扇门；还说，即使进了这扇门，里面还有另一扇，那个守卫更加强悍。这人便怏怏地退了回去，在房间里继续消磨着岁月——这一待就是几十年。他偶尔会想想那扇门，想着如果进去，这门会通向哪里。后来，这人老了，病了，最终快死了，觉得自己还是该问一下这个守卫那门里面到底有什么。他步履蹒跚地走到门边，问守卫道："我在这屋子里待了这么久，为什么从来没有人进去过呢？"守卫答道："因为这门只能让你一个人通行……不过如果你现在想进去，已经太晚了。"

这是弗朗茨·卡夫卡（Franz Kafka）在 1914 年写的寓言《法律之门》（*Before the Law*），这篇文章常常启迪着我，鼓舞着我。不过我脑海中的版本和卡夫卡写的稍有不同，也同安东尼·霍普金斯（Anthony Hopkins）在 1993 年主演的电影《审判》（*The Trial*）中演绎的有些差异。当然，一篇伟大的寓言总是会有很多种解读的，每个人的读后感可能都不一样。我个人的理解有两重：首先，作为一位科学家，我想打开那些从未有人通过的大门。其次，这篇寓言揭示了一个真理，这真理很简单，却容易遗忘：我们每一个人都是独一无二的，就算是组成身体的每一个分子，也与众不同。我写这本书，就是为了阐述我对这两重意义的理解。我想讲一些奋力突破那些知识之门的科学家的故事，给人以启迪；同时，通过描述科学家的成就，让人知道，与众不同，是多么的重要。

本书主要讨论一些人类基因以及我们是怎么发现这些基因的故事。我们现在掌握的基因知识，有些是在显微镜下看到的，有些则是通过肉眼观察获得的。我们发现，人类不仅仅接受来自父母双方的遗传，而且通过遗传的那些基因，他们还拥有了自己的个性和特性；每个人大约有 25 000 个基因，在很大程度上，每个人拥有的基因组都非常相似，但是基因变异又使每个人都拥有其独有的特点,如发色和眼睛的颜色。基因变异还会带给我们更细微的、表面上难以检测到的差异。严格说来,本书中所提到的基因使得人与人有所不同,它们其实就是分子标记,把我们每个人区分开来。

正是这一特点让科学家们开启了他们的发现之旅。这些使人与他人不同的基因——我们称为相容性基因,并非人类独有,最初是在小鼠身上发现的。相容性基因的正式说法是"主要组织相容性复合体基因(major histocompatibility complexgene)"或"MHC 基因",不过这说法太长太复杂,所以一般就简称为"相容性基因"。在 20 世纪 30 年代,科学家给小鼠移植皮肤时,发现有些效果挺好,而有些则发生了排斥反应。经过研究发现,当移植实验小鼠间的相容性基因不同时,移植过来的细胞就会受到排斥;当相容性基因匹配时,移植效果就不错。到了 20 世纪 50 年代和 20 世纪 60 年代,科学家发现人体移植的情况也是如此。现在的移植手术都会对捐赠者和接受者进行匹配,在相容性基因匹配的情况下,器官移植手术的成功率最高。

但是,相容性基因之所以存在,肯定不会是为了为难那些做移植手术的外科医生吧?那它们存在的目的究竟是什么呢？

科学家们一直在努力地研究相关问题。数十载的耐心，加上时不时某些天才的灵光一现，最终揭开了相容性基因的神秘面纱。本书将跟踪记述人类为此付出的努力——全球科学家奋斗了将近 60 年——以追溯移植和免疫学的发展，让读者理解为什么相容性基因对我们的健康至关重要，以及相容性基因是如何决定我们的健康的。这一发现，等同于科学史上的一次革命，不过这革命并非始于某一瞬间，而是来自全球、延续数十载，各种突破性的思想和实验汇聚碰撞，从而使我们对于人体的认知发生翻天覆地的改变。

在研究相容性基因的领域里，很多人都做出了杰出的贡献，这些人性格各异、工作方法也不尽相同：有些专门收集数据，有些更侧重理论研究；许多人负责把信息分类排序，还有些人行事做派更像是个艺术家；这位跟那位观点不和，方法不一；成百上千的研究者各做各的实验，各理各的想法，各有各的发现，可谓是百花齐放、百家争鸣。这些发现拼凑起来之后，绘成了一幅新的画卷，开启了一门新的学科。

现在我们所了解的这些基因的相关知识，揭示了免疫系统的工作原理，以及身体检测外来物（细菌或从他人那里移植的器官）的方式。也就是说，这些为数不多的基因帮助你的身体识别“*自我*”和“*非我*”。而且，由于这套系统一直在进化，我们每个人就都有了与众不同的基因组。因此，你遗传了哪些版本的基因，对你而言至关重要。

根据对疾病的易感性和抵抗力的影响程度来对基因进行分类，可以发现：我们每个人所拥有的 25 000 个基因中，相容性基因对某些病的影响最大，其中包括多发性硬化、风湿性关节炎、1 型糖尿病、银屑病（牛皮癣）、麻风、强直性脊柱炎，等等。

举个例子，2003 年，来自马萨诸塞州特鲁罗的道格·罗宾逊（Doug Robinson）感染了 HIV，当时他 46 岁。之后的 10 年里，他的免疫系统成功地控制住了病毒，血液中的病毒几乎检测不到。300 名感染 HIV 的患者中，大约有 1 人在 7 年或更长的时间内不会恶化成艾滋病，其中的玄妙在于，这些人跟道格一样，他们的免疫系统能够有效地对抗病毒。那么，为什么道格如此幸运，有着和别人不一样的免疫系统？答案是，他遗传了一个非常特别的相容性基因，这个基因在抗 HIV 病毒方面特别有效，他的超能力就来源于这个基因。

感染 HIV 病毒的人中，病情恶化的速度除了某些因素外，还取决于他们继承了何种相容性基因。道格的基因中有 B*57，而这个基因正是防止 HIV 感染恶化成艾滋病的最有效的利器。

光是能够保护人类免受疾病摧残这一点，就足够写整整一本书了，但是实际上，相容性基因的重要性远远不止这个。有证据表明，这些基因和人体其他方面都息息相关——这便是写作这本书的原因。

科学家们还做过一些看上去既不靠谱又挺刺激的研究，并号称发现了一种让找寻所爱变得简单的法子：用不着去酒吧或派对，照"科学"流程走一下就成了。拿一根棉签刮一下口腔黏膜，把棉签放入信封，填一个简单的表格，别忘了附上你的客户编号，然后投寄，等几天，上网登录在线账号。在你的 DNA 分析完毕后，从公司数据库中便可选出你的完美伴侣。约个会，见个面，结个婚，生几个孩子，绝对能过上幸福快乐的日子——因为你和你的伴侣出轨的概率都小到极点。所有这一切都命中注定、绝无纰漏。

对这个"绝佳速配"的"科学"流程的看法真可谓众说纷纭、褒贬不一。但是已有无数实验表明，对他人是否性感的判断，其实取决于对方的相容性基因。据说，如果女性选择的伴侣拥有合适的相容性基因组，该女性更容易获得性高潮。

最早走这一研究路线的那个实验真的非同寻常。

实验是这样的：参加实验的女性禁欲两天，用喷鼻器来保持鼻孔清洁，阅读帕特里克·苏辛德（Patrick Süskind）的小说《香水》——这本书讲的是一个嗅觉超级灵敏、并对嗅味着迷的男人的故事——然后到实验室去嗅收集来的 T 恤的气味，这些 T 恤都是两天没洗澡的男人穿过的。结果令人吃惊：相容性基因不同的人穿过的 T 恤闻起来最性感。这一研究结果简直就是一枚炸弹：原来，潜意识里，我们更喜欢那些拥有不同的相容性基因的性伴侣。啊，这样看起来，那些我们自己做出的决定，那些构建我们的生活的决定，那些改变未来的决定，原来并非我们自己的意愿，不过是我们遗传的基因在采取行动罢了。

真的吗？怎么可能？到底是如何做到的？明明我们每个人都在根据喜好进行选择，同品味相似的人结为好友，也因此各具特性。明明很多人一生都在寻求灵魂伴侣。我们都知道基因是怎么回事，也能够理解基因决定了我们的体貌特征，如发色和眼睛的颜色。但是，难道选择爱侣也会受到基因遗传的影响？

这个问题一两句话回答不清，而且这一观点仍有无数争议。

围绕着相容性基因的争议不仅于此。有些研究表明这些基因会影响大脑的某些部分。具体而言，某些神经元之间的连线可能会因为相容性基因的活动得以保持或断开。最近也出现了一些证据，表明相容性基因还会影响到怀孕的成功率。

简而言之，这些为数不多的基因似乎能从不同的层面影响到人的一生一世——从出生到死亡。相容性基因的这种多功能表明，我们的方方面面，从根本上来看，都是互相关联的。如果真的如此，那么我们是谁，我们做什么，很大程度上都直接受到这些相容性基因的影响。

深入了解问题，解决争议，不仅仅限于学术研究，对人类的生活也有莫大的影响。例如，如果某种疾病对不同的人影响不一样，哪怕是一点点不一样，那么我们对药物的反应，也应该是不同的。在不久的将来，也许疫苗或药物都会"量身定做"，不单是对症下药，还要"对基因下药"。毫无疑问，揭开相容性基因之谜，对 21 世纪的医疗行业至关重要。

这些研究成果还引发了其他的问题。现在，通过相容性基因寻找伴侣已经成为可能，针对基因而量身定制疗法也为时不远。但是这路要走的话，该走多远？政府和药商必须小心谨慎，以免落到《美丽新世界》[①]描述的世界中。我们每个人也要做出自己的决定，要充分弄清楚这一套神奇的系统是如何在我们身体内部运行，以及它如何将我们联系在一起的。

正如我前面所言，任何伟大的寓言都会有无数的解读。卡夫卡的《法律之门》中，对那个人和那个守卫，不同的人也会有不同的看法。任何人，在迈入新世界时，总会有内心的挣扎。更重要的是，门不可能随某人心意而随意打开或关上。极有可能发生的情况是，一扇新门一旦打开，就再也关不上了。

---

① 《美丽新世界》：是英国作家阿道司·赫胥黎创作的长篇小说。故事发生在福特纪元 632 年，即公元 2532 年。该书描述了一个物质生活十分丰富、科技高度发达的世界，但是在这个世界中，却没有所谓家庭、个性、情绪、自由和道德，人与人之间没有真实的情感，人性荡然无存。

第一部分

相容性基因的科学革命

1

弗兰肯斯坦的三人组

如果想了解一个人，搜一搜他的生平和故事。一般来说，你读到的、听说的，往往都有褒有贬，既有说他好的，也有说他不好的，这是常理。但是彼得·梅达沃（Peter Medawar）不同，在所有的故事中，他都是一个大英雄。梅达沃是科学界的传奇，他在移植方面取得的巨大成就，让他在1960年荣获诺贝尔奖。

梅达沃的发现，让我们了解了人体是如何感知自身细胞和组织的。在从事医学移植研究时，他碰到了一些无法解决的难题，所以开始探索身体到底是如何把自身的组织认定是"自我"，而对来自他人身体的外来组织产生排斥反应——

认定为"非我"。他发现，人体之所以能区分"自我"和"非我"，是因为有一些人类基因非常有效地提供了个人标记——"独属于个人"，梅达沃如是说。实际上，这些基因蚀刻在所有的细胞上，免疫系统可以识别出它们。梅达沃的发现开了个好头，之后，他开始了长达6年的科学探索，去了解免疫系统是如何工作的，而他的发现，加上最近的研究成果，都表明我们的免疫系统影响了人体的诸多方面。

这一探索相容性基因重要性的旅程以及梅达沃的传奇故事，都始于1940年夏发生在牛津的一场飞机失事。

那是一个炎热的周日下午，时年25岁的梅达沃和他的妻子吉恩（Jean）以及长女卡罗林（Caroline）正在牛津的一处花园享受生活。突然，他们看到一架低飞的轰炸机朝他们冲来，巨响隆隆。吉恩吓得慌忙带着卡罗林躲了起来，而那架飞机在离花园200米处的地方轰然坠地。这是一架英国飞机，飞行员虽幸存，但是身体烧伤严重。

目睹这一惨剧，目睹飞行员遭受痛苦，梅达沃的心灵遭受了巨大的冲击，人也发生了很大的改变。从那一刻起，他的工作就不仅仅是纯脑力劳动了，而是一种使命、一种责任。

梅达沃后来在谈及此事时说："任何一位科学家，如果他想有所创造，有所成就，就必须像我一样经历这种令人震惊的场面，这种经历会逼使他把解决问题当作自己的责任，然后，他才会乐于投身于此。"

梅达沃本来是学动物学的，当时他正在研究哪种抗生素最利于治疗烧伤。在医院里，医生们拿那位坠机的飞行员束手无策，便向梅达沃求助，请他到医院来看看能否帮助医治病人。年轻的梅达沃来到医院，目睹医院里伤兵的种种惨状，震惊得无以复加，这激发他拼命地思考、工作，强度远超以往。吉恩说，从那以后，"他玩命似地工作"。他看到受伤的飞行员和空军士兵们奄奄一息地躺在病床上，痛苦不堪，皮肤烧伤极为严重，而医生除了用输血和抗生素这两种新的医疗方式让他们苟延残喘外，再也没有别的办法可以对付这些可怕的烧伤了。

梅达沃因此在这个领域开始了他的研究，从而开启了现代移植之门，也使他成为"移植之父"。不过，据他的学生阿弗利恩·米奇松（Avrion Mitchison）说，他最大的成就并非这个，而是跟吉恩结婚——那是坠机事件三年前发生的事。彼得和吉恩相识于 1935 年的牛津大学，那天是彼得 20 岁的生日，两人都还是大学生。他们的婚姻持续了 50 年，直到彼得去世。彼得英俊帅气，身高 6 英尺 5 英寸（1.95 米）。"站在你跟前像个巨人似的。"他的一个大学同学这么说。他精力充沛、思维敏锐、善于激励他人。吉恩呢，极为聪明，会说好几门语言，长得也很美艳动人。两人认识后，吉恩很快就坠入情网，迷醉于彼得的智慧和才华，神魂颠倒。由此可见彼得的魅力。

彼得 22 岁生日的前一天，他们结婚了，在位于牛津的公寓里办了一个低调的雪利酒派对。时年 23 岁的吉恩自带婚戒，"给他省点时间"，从这一点就可看出，他们的关系跟传统的夫妻有所不同。曾经，吉恩问彼得能不能少花点时间泡在实验室，彼得回答说："你有权拥有我的爱，但无权拥有我的时间。"吉恩本打算怼回去——爱需要时间共处——但是最终沉默不语。之后他们做好安排，确保彼得用来思考和工作的时间"受到珍视和保护"。

彼得隔绝于任何情感问题，也不理会家里任何事，因为这些都太耗费时间精力。战争年月经济拮据，日子要想过得下去，需操心的事情太多，吉恩深知这全得她来打理，她必须创造条件让彼得全力以赴地投入工作。如果吉恩有事要跟彼得商量，得先看看彼得在做什么，若他看上去是在沉思默想，吉恩会先问一句："你在想事情吗？"如果是，吉恩就会住嘴，不再打搅他。彼得也曾告诉吉恩，说他很满足于他们的这种婚姻模式。彼得的研究艰难曲折，需全身心地投入到工作中，以解决移植方面遇到的种种问题，因而他们的家庭生活没有成为他或她的自传中的华美篇章。

　　梅达沃在工作中碰到了不少难题。治疗大面积烧伤，需要进行皮肤移植，但是在当时，如果从一个人身上取皮移植到另一个人身上，一般两三周后，移植的皮肤就会死掉脱落。那时，医生普遍认为移植失败的原因在于手术做得不够完美，切除和缝合的技术不过关，并没有意识到这与身体的基本功能息息相关。不过，当时医生也得知了另一个事实：从病人身体取皮并移植到病人自身，成功率要高得多。于是引发了疑问：为什么？每个人的皮肤，也就是身体组织，难道不是基本上都一样的吗？为什么这个人的皮肤跟那个人的不同？更奇特的是，你的身体是怎么知道移植来的皮肤是否来自你自己的身体？

　　梅达沃朝这个方向开始了他的研究。他发现，移植中发生的排斥是由免疫细胞的反应造成的，更关键的是，他和他的团队找到了避免移植排斥的方法。之后，他孜孜不倦、潜心研究，直到 45 岁时，凭着多年所做的那些实验，于 1960 年获得了诺贝尔奖。在战争时期，移植手术的需求急剧增长，而梅达沃的发现解答了手术面临的这一最大的难题。

不过这个难题并不是在第二次世界大战（简称二战）期间才出现的，这一问题由来已久，十分古老。

皮肤移植的想法可追溯到千年以前，著名的印度医科教材《苏西洛多医录》（*Sushruta Samhita*）中就谈到了如何从病人的脸颊或颈部取皮以延长其短小耳垂。我们不太了解苏西洛多的生平，只知他可能生活在公元前 600—前 400 年间，可能是佛陀的同时代人。《苏西洛多医录》的成书时间也不确定，现在所拥有的版本，很可能是许多古代印度行医者的著作总汇。不管怎样，这本书描述了 15 例修补耳垂的手术过程，包括重塑因击打而受伤的耳垂、修补先天性耳垂短小或耳垂畸形等。

古代还有一个很有名的与移植相关的例子。伦敦的惠康信托（Wellcome Trust）持有一幅 15 世纪西班牙的肖像画，该画描绘了 3 世纪基督圣徒科斯马斯（Cosmas）和达米安

（Damian）的故事。这两位医生是阿拉伯人，做了不少手术，其中一个最魔幻的，就是给一位神官做的移植手术。他们切下他那溃烂的腿，用一条埃塞俄比亚死者的腿替换。在画中，他们的病人平静安详，考虑到他即将在无麻醉的状况下被卸下一条腿，之后再装上一条死人的腿，他这份淡定可真是令人叹服。这次移植手术到底是如何进行的，我们不得而知，但是这的确是现存的首个关于移植的详细描述，其重要性毋庸置疑，这表明，即使在那时，医生就已经认为死人的器官可以让生者活下去。

不过，直到4个世纪后，人们才达成共识，认为移植有可能成为一种医疗手段。19世纪，科学家们已经在某种程度上把人体视为机器类的存在，即人体的器官如同机器的零件一样，可以修补、可以替换。而把死人身体上的"零部件"植入活人身体内的那些形象描绘中，给人印象最深刻的，来自玛丽·雪莱（Mary Shelley）的小说《弗兰肯斯坦》（*Frankenstein*）。这本书出版于1818年的新年，标志着科幻小说的诞生，并且引发了长达两个世纪的关于艺术和科学的论战。在雪莱的小说中，科学家维克多·弗兰肯斯坦沉迷于化学以及化学带来的足以颠覆一切的力量。他搜罗死人的肢体及身体部件，拼凑在一起创造了一个生命，但是最终被那无以名状的创造物击溃。他创造出来的生命，最终成了孤独的怪兽。

雪莱写这本《弗兰肯斯坦》的灵感来自现世中的一位科学家汉弗里·戴维（Humphry Davy）。戴维是 1820—1827 年间皇家学会的主席，首位分离出多种化学元素的科学家——如钠和钙，还发明了安全矿灯，他的一位学生迈克尔·法拉第（Michael Faraday）是电力之父。戴维认为，生命是依据基础化学而运行的，也就是说，生物和非生物一样，都遵循同样的物理和化学定律。无论你是否认同这一观点，起码在当时的 19 世纪早期，戴维的作品一经发表，立刻让不少人以为，人类可以使用基础化学和基础物理的知识来窥视，甚至干预生命。毋庸置疑，这篇论文对玛丽·雪莱的写作影响非常深远，也正是这一思想，让科学家们意识到，在现实中，移植是可能做到的。

当然，切割和缝合技术的发展也极为关键。不过在 1902 年，一位 29 岁的法国科学家亚历克西·卡雷尔（Alexis Carrel）就已经以实际行动证实血管是可以缝合起来的（10 年后他因此获得诺贝尔奖）。然而，直到二战爆发时，采用移植手术来治疗烧伤病人，似乎仍然有一道障碍无法跨越：人体只能接受自身的皮肤移植，对他人的皮肤产生排斥。要想解决这一问题，首先必须弄清楚为什么人体能够把自身组织和他人身体组织区分开来。

用传统的科学方式来解决这个问题几乎不可能，那梅达沃又是如何跨过这扇科学之门的呢？首先，他需要深入细致而又全面地了解情况。为此梅达沃泡在了烧伤科。他从英国医学研究委员会战伤协会获得一笔资助，离开家，去了格拉斯哥皇家医院的烧伤科工作，那里病人够多，设备够全，是做研究的好地方。这期间，梅达沃住在一家低星级酒店，一住就是两个月。协会指定他和汤姆·吉布森（Tom Gibson）一起工作。吉布森是一位苏格兰外科医生，梅达沃称吉布森"又聪明又英俊"。他们不仅是工作伙伴，还成了挚友。梅达沃和吉布森一起合作，开始研究，仔细观察移植排斥发生的过程，不放过任何一个细节。

他们的首位病人是一位 22 岁的未婚女性，资料上登记的姓名却只是简单的"麦克凯太太"（Mrs. McK）。麦克凯太太家燃气着火，她跌倒在着火处，右侧深度烧伤。在医院，伤口得到了清理，一个月后她还接受了输血，但是身体状况仍然极差，烧伤处毫无愈合的迹象。如果她情况能好点，梅达沃和吉布森就会从她自身取大块皮来做移植手术，但是鉴于她的健康状况极差，就只能给她移植小块皮肤，寄希望于皮肤能够自己长好，直到覆盖整个烧伤部分。因此，他们给她的烧伤处移植了 52 块来自自身大腿的小块皮肤以及 50 块取自她哥哥的大腿的小块皮肤。

此后，他们对两种不同的移植面进行研究。他们取了切片，在显微镜下观察，起初，两种移植的效果看上去一模一样，伤势都在好转。但是几天后，显微镜下，麦克凯太太的免疫细胞开始攻击取自她哥哥身体的皮肤。15~23 天后，取自她哥哥的皮肤开始衰竭死亡，这说明麦克凯太太的身体在排斥取自她哥哥身上的皮肤，她的免疫细胞似乎就是造成移植排斥的元凶。但是证据并不够充分：免疫细胞确实在场，但到底是不是它们杀死了外来者？当时有好几种理论来解释移植排斥，梅达沃他们获取的这种旁证显然还不够，他们需要更多更确凿的证据。

关键时刻，吉布森偶尔跟梅达沃提起，他以前曾发现如果第一次皮肤移植失败再做第二次的话，新移植的皮肤衰败得更快。梅达沃意识到，这种情况正是免疫反应的标志。所以他们一致决定进行系统的实验，来看看吉布森的印象有没有出错。他们第二次从麦克凯太太的哥哥身上取皮，再次做了皮肤移植。这一次，移植的皮肤在她身上只存活了一半的时间。这似乎印证了吉布森的说法，也充分证明移植排斥确实来自麦克凯太太的免疫系统。由此，移植手术似乎同当时更受推崇的科学领域，即免疫系统的研究终于扯上了关系。

虽然这个观察结果极为关键，但毕竟只有一个病例。梅达沃明白，只有一个病例的实验，无法证明某一理论的普遍性和正确性，他需要大量的数据，非常多的数据才行，所以，他需要做动物实验。

回到牛津后，梅达沃选择了兔子，"主要是因为体形不大，容易获取"，他跟战伤协会解释道。他用了25只兔子，从每只兔子身上取皮数块，移植到另外一只兔子身上。然后，他采用自己设计的方法，把数百块皮肤的样本上色、在显微镜下检查并拍照。他把自创的这一套实验方法写在了两篇篇幅颇长的论文上，分别发表于1944年和1945年，到目前为止这种方法在各研究领域仍在使用。梅达沃还亲自照顾这些兔子，帮兔子料理食物，打扫笼架，亲手带它们进出实验室。他的诺贝尔奖获奖之旅就是从这里开始的：首先提出一个猜想，然后在25只兔子身上总共做了625次实验来验证这一猜想（25 只兔子，在每只兔子上做了 25 次皮肤移植手术，即 25×25=625）。

这些实验做得十分艰难，梅达沃回忆过往的时候常说，那是他一生中最辛苦的一段时间。有时他要夜里 11:30 才能回家，拎着装满了实验数据和各种文献的公文包，第二天一大早就得起来写报告查文献。他时常觉得筋疲力尽，但是一想到他能为那些在战场上拼杀的战士们所能做的唯有这些时，便又打起精神继续工作。同样激励着他的还有那些谜题：世界是如何运转的？人体是如何工作的？这些，都激励着他上下求索。

一些伟大的科学家，如爱因斯坦，采用的是"思想实验"的方式来进行科学探索。梅达沃的做法跟他们截然不同，他靠的不是冥想，而是实验。即使在后来当上了英国国立医学研究所的所长后（他工作所在的那栋办公楼，在 2005 年的电影《蝙蝠侠侠影之谜》中出镜，成为虚构的精神病院阿卡姆疯人院的院址），他仍然保持着"数据为王"的想法，每周必留两个工作日加周六上午用来做实验，从不让行政工作把控他的人生。

20 世纪 40 年代早期和中期，梅达沃一直在孜孜不倦、细致入微地做着他的实验，而实验结果是，取自不同兔子的皮肤在移植后无法长期生存。这个结果和麦克凯太太那个病例如出一辙，移植过来的皮肤最多只能活几周。这些实验同时显示，第二轮移植的排斥反应发生得更为迅速，这也与梅达沃和吉布森在麦克凯太太病例中观察到的一模一样，都是免疫细胞的标志性反应。

除此之外，梅达沃还有两个很重要的发现。

首先，移植的大块皮肤衰败得比小块皮肤快。这感觉有点违反常理，毕竟大块皮肤较大，要死也会多费些时间。然而实验结果并非如此，这表明免疫细胞是根据威胁的大小程度来确定如何发起攻击的。也就是说，移植的皮肤面积越大，遭受攻击的时间就越早，强度也越大。

更重要的发现是，第二次移植排斥反应的速度取决于皮肤的来源。即，如果第二次移植的皮肤取自跟第一次不同的兔子，排斥反应的速度相对要慢一些；如果仍取自第一次的兔子，受体的身体会认出"熟人"，反应更快，皮肤的衰败也更快。也就是说，兔子的免疫系统已经设置好程序，以对付来自某一只特定兔子的皮肤。这种情况跟罹患流感一样：第二次感染同一种流感病毒，身体的抵抗力比感染不同流感病毒时要强一些。

梅达沃做了 625 次兔子的皮肤移植手术，其观察结果明白无误地表明，移植的排斥来自受体的免疫细胞。此后他集中精力，转向了解免疫排斥的过程，并绞尽脑汁希望找出办法来解决排斥的问题。他并未转头去研究人体免疫系统的基本知识，如感染的本质，而是自始至终都把精力放在移植，放在解决移植中出现的问题上。

兔子实验只是梅达沃的伟大成就的序曲。1947 年，时年 32 岁的梅达沃在伯明翰大学任动物学教授，1951 年在伦敦大学学院（University College London）任职，这些年间，他带领着研究团队做了一系列影响深远的实验，并于 1953 年在《自然》期刊发表了长达三页半的论文，也就是这一年，沃森（Watson）和克里克（Crick）发表了著名的 DNA 双螺旋结构的论文。

现在，每 30 分钟就有一篇新的科学论文发表，绝大部分论文只在本专业有所影响，在该专业领域之外，几乎无人知晓；只有极少数的论文非凡卓绝，这些论文要么是在医学领域有着异乎寻常的重要性，要么就是改变了我们对人类自身的看法。而梅达沃的这篇三页半的论文，两者皆有，极为优秀，其影响力跨越了他的专业领域。

在这几页论文里，梅达沃提出了解决移植中出现排斥反应的方法。也就是说，他发现了一种方法，即使是异体移植皮肤的手术，受体也不会产生任何排斥反应。他的发现建立在数年不懈的实验上。

在科学研究领域，曾有科学家因意外而获得惊人发现。如 19 世纪 90 年代末，居里夫妇（Marie and Pierre Curie）和亨利·贝可勒尔（Henri Becquerel）发现放射性，但是这种情况极为罕见。而且，即使发现放射性是个意外，但是要理解其原理，也并非灵光一现所能做到的，同样还是需要长期艰苦的工作。而就梅达沃而言，他的发现更具传奇性。实际上，早在梅达沃在 1953 年发表论文的 8 年前，美国威斯康星大学雷·欧文（Ray Owen）就已经发表过相关的论文了。只是最初，欧文的论文不为人所知，梅达沃也一直不了解，直到 1949 年，梅达沃读到澳大利亚的麦克法兰·伯内特（Macfarlane Burnet）和弗兰克·芬纳（Frank Fenner）的论文时才知道欧文和欧文的研究——他们在自己的论文中引用了欧文的研究成果。

欧文发现，可能是因为一胎所生的缘故，异卵双胞胎牛的血液细胞相同。这个发现有点小意思，就像是解剖学中的奇闻逸事，有趣，但是好像没啥用，所以也没有多少人注意。但是在移植领域中，这个发现却是令人震惊的，因为它意味着，即使异卵双胞胎基因不同，移植时也不会对对方的细胞产生排斥反应。这个发现之所以重要，是因为它指出，从一个动物移植细胞到另一个动物身上而不产生排斥，这种情况并非不可能发生，而这正是科学家梦寐以求的。梅达沃受到这一发现的启发，开始在实验室人工再现这一自然现象，由此终于踏上了正确的轨道，开始写他那了不起的论文。

梅达沃的研究伙伴是鲁珀特·"比尔"·彼林汉姆（Rupert "Bill" Billingham）和莱斯利·布伦特（Leslie Brent），他们一直在一起工作，从伯明翰到伦敦的大学学院，从未分开。现在，知道彼林汉姆和布伦特的人比知道梅达沃的少多了，虽然这三位研究者都很了不起，但是毋庸置疑，梅达沃是领头羊。

1951 年，梅达沃比彼林汉姆和布伦特早 3 个月到达伦敦，着手准备 3 个超大的崭新的实验室。

　　三人中布伦特最年轻，26 岁，这期间他一边从事研究，一边写他的博士论文。布伦特还在读本科时就跟着梅达沃了，给梅达沃留下了深刻的印象。布伦特就是个逆袭的榜样：成长于窘困，长大后取得了了不起的成就。他于 1925 年生于德国科斯林的洛萨巴鲁克，父母都是犹太人，家境还可以，生活还算舒适。他母亲希望他成为歌唱家，能在犹太集会中引领着教徒唱圣歌。然而当他 11 岁的时候，一切都变了，他们一家陷入了苦海。

　　布伦特对于少年时代的情景一直记忆犹新：游行的人从他家屋前走过，高唱"钢刀插入犹太人的胸膛，血液喷溅，那是多么的美好"。这些人就是臭名昭著的冲锋队，因为他们穿着类似军装的制服，又称褐衫队，而他们唱的，正是反犹歌，数年之后，则是大屠杀。就是这群冲锋队的成员于 1938 年在水晶之夜 ① 跟着纳粹一起攻击了数千家犹太人的商铺。布伦特就读的学校里就有一位老师是冲锋队的成员，有时会着全套军服上课。布伦特是班上唯一的犹太人，但他也

---

① 水晶之夜：1938 年 11 月 9 日至 10 日凌晨，希特勒青年团、盖世太保和党卫军袭击德国和奥地利的犹太人，是纳粹对犹太人有组织地屠杀的开始。

是成绩最好的学生，这让这位老师很不爽。有一次他在课堂上狂热地发表纳粹宣言的时候，勒令布伦特站在讲台上。

幸运的是，布伦特的父母联系到一个在柏林的熟人，求他帮忙带布伦特离开家乡。那位熟人名叫库尔特·克罗恩(Kurt Crohn)，年幼时就已经离开了科斯林，当时在柏林的一家犹太孤儿院当院长。1936年的一个冬日，布伦特坐火车去了柏林，在克罗恩的孤儿院，他遇到了很多犹太男孩，其中有些跟他一样，并非孤儿，之所以来到这所孤儿院，是因为他们也遭遇了同样的境况。

然而这所孤儿院也只是给他们提供了一个临时的避难所。1938年，一群暴徒袭击了那里，13岁的布伦特和一个朋友躲在了屋顶的椽子下。"我们躲在那里，胆战心惊，"他回忆道，"直到那里变得死寂。"不久，1938年12月1日，水晶之夜几周后，他在难民儿童营救行动[①]的帮助下去了英格兰。时任孤儿院院长的克罗恩点名让他第一批离开德国。

---

① 难民儿童营救行动(Kindertransport，德语)：是由英国在二战发起的儿童营救计划，从德国、奥地利、捷克斯洛伐克、波兰和但泽自由市营救了近10000名犹太儿童。这些儿童被安置在英国的寄养室、青年旅舍、学校和农场。这些儿童大部分都是大屠杀的幸存者。

布伦特和其他孩子直到到达荷兰时，才松了一口气，总算"逃脱了作为替罪羊、恶棍和牺牲者的命运"。孤儿院的其他孩子则没有那么幸运，他们被关在一起，送去了集中营。而克罗恩于1944年9月在奥斯维辛集中营被杀。

布伦特最终到达了英格兰东南部的艾塞克斯郡。那里有一个多弗考特接待营，曾经是巴特林海滨度假村，在1938—1939年充当了难民儿童的临时居所。在那里，布伦特开始了解英国文化，并在一档旨在鼓励英国家庭领养这些难民儿童的BBC的纪录片中上镜，在片中，他说他想当一个厨师。后来他转到一个寄宿学校，节假日则和不同的家庭一起度过，到16岁的时候，难民儿童营救行动的一位秘书给他找了个工作，让他在伯明翰大学当实验室助理，之后布伦特去服兵役，于1944年1月至1947年秋在英国步兵团当兵，其间改名为莱斯利·布伦特，莱斯利这个名取自演员莱斯利·霍华德，而布伦特这个姓，是他从电话簿中挑出来的。之所以改名，是因为有人跟他说他的真名听起来既像犹太人又像德国人，这一点可能会要他的命：一旦被捕，他可能会被当成是德国人的叛徒或者是犹太人而被杀掉。军队使他"自信、自立、自强"。在军队里，他参加了军官培训班，也因此在二战时并未上前线，不过后来于1946年随部队驻扎德国，之后在北爱尔兰服役了一段时间。

1945年5月13日，第二次世界大战欧战胜利纪念日，他虽然身在伦敦市中心的庆祝集会，却没有加入狂欢，因为那时他还没有得知家里人的消息，不知道他们是死是活，"心中惶惑，痛苦不堪"。1946年，他终于得到了柏林的官方文件，上面写着他父母和妹妹"被送到了东边"，他想，那可能意味着他们在奥斯维辛集中营被杀害了。几十年后，1976年，他去奥斯维辛集中营，在那里忍不住失声痛哭。然而他的猜测错了，又过了数年，他才最终得知家人真正遭遇的一切：1942年10月，他们被带到一辆拥挤的火车上，乘车三天三夜，从柏林到里加（苏联加盟共和国拉脱维亚最大的城市），被带到树林里，在那里被枪杀。

1947年布伦特退役，回到伯明翰，进入大学，主修动物学，开始跟着梅达沃做实验。当时彼林汉姆已经在实验室跟着梅达沃干活了。彼林汉姆比布伦特大4岁，曾在海军服役，退役后进入牛津大学，是梅达沃带的第一个研究生。彼林汉姆带着军人的一丝不苟，实验技能也很强，给梅达沃留下了深刻的印象，所以1947年转岗时，梅达沃特意为他申请了一个职位，把他从牛津大学带到了伯明翰。

彼林汉姆并非出自知识分子的家庭，他父亲开了一家炸鱼薯条店。总的来说，彼林汉姆比梅达沃更脚踏实地，而梅达沃更像个哲学家，总是在思考。在整个团队当中，彼林汉姆的作用不可小觑。他非常擅长做实验，而且"专心致志、一心一意，全身心都扑在工作上"（布伦特语）。

在伯明翰时，梅达沃对欧文的研究尚一无所知，兀自和彼林汉姆一道做起了新的实验：对双胞胎牛做皮肤移植手术，看这种方法是否能够确定双胞胎牛是同卵还是异卵。这只是一个小小的周边项目，他们做这个，一来是因为这种实验跟他们的研究直接相关，同时也因为这种检测对农夫们至关重要：和雄犊双生的雌犊会因为在母牛胎中接触雄犊的荷尔蒙而变得不易生育。梅达沃和彼林汉姆的实验步骤其实很简单，就是做皮肤的异体移植，然后观察结果。他们预测，异卵双胞胎牛在接受皮肤的异体移植后会产生排斥，而同卵双胞胎牛则不会。然而结果却出乎意料，无论是同卵双生还是异卵双生，都没有发生排斥反应。当他们最终看到欧文的论文时，才恍然大悟，原来欧文早就证明了即使是异卵双胞胎牛，其血液细胞也是一样的，至于原因，也许是因为它们在同一个胎盘内孕育生长。所以，即使动物基因不同，移植也有可能取得成功，而且从他们的实验和欧文的研究成果中，似乎可以得出这么一个结论，即同一胎出生的动物，很可能终其一生都能够接受来自同胎兄弟姐妹的组织移植而不产生排斥反应。

所以梅达沃、布伦特和彼林汉姆所组成的团队于1951年在伦敦的新实验室开始讨论他们的新实验计划，以检测这一推断是否正确。他们决定拿近交小鼠来做实验，这些小鼠因为多代都与兄弟姐妹交配而拥有确定的遗传特征。取一只近交小鼠的细胞，直接注入另一只不同小鼠品系的未出生胎儿体内。他们发现，小鼠出生成年后，如果移植来自其在母胎内接受细胞注射的那一品系的小鼠的皮肤，不会发生排斥反应。这一结果具有突破性意义，令人震惊，长久以来移植遇到的问题终于有了解决方法。

吉恩把这些小鼠称为"超级小鼠"。

超级小鼠们似乎已脱胎换骨，给它们移植来自胎儿时接受细胞注射的非亲缘小鼠的皮肤时，不会产生排斥。这一研究成果跟放射性的发现不一样，并非是意外收获，而是这三人组精心设计、并通过一系列的实验小心求证而取得的成就。但是同放射性的发现相似的是，其重要性绝不可小觑。此外还有一个相似之处，这两者，在我们的日常生活中，均看不见摸不着，没有任何存在的迹象。

这三人组成功的关键在于他们三人都是动物学专业，所以对专业性的东西看法一致，而且更重要的是，三人都是工作狂。虽然这一切看上去顺理成章，突破性的成就来得如此顺利如此简单，但实际上，这个团队一直在反复探讨实验条件，做到一半的时候，仍不知最后是否一定能得到想要的结果。科学研究就好像玩蛇爬梯的棋牌游戏：丢个骰子，前进五步，再丢个四，结果落到蛇身上，被一举打回起点。为了取得成功，这个团队拼命努力、艰苦奋斗，不是一天两天，而是数年。

接下来还需要验证他们的发现，他们得证实这个研究成果在其他种类的动物身上同样正确。这一次的实验对象是雏鸡，同样的过程，只是数量没那么多。实验结果非常好，证实了他们的发现是正确无误的。

然而移植的问题虽然得到了解决，但是那只是在实验室，只是动物实验，是否适用于人类，尚未可知。团队敏锐地意识到，这一成就还说不上是医学的进步，因为事实上，他们不能给人类胎儿注射细胞。不过无论如何，他们所做的一切，让科学家们意识到，之前以为无法解决的问题，现在终于有了解决办法。他们的发现，打破了无血缘关系动物之间移植的壁垒。2010年，我在伦敦北部拜访了布伦特，我问他，当时他们三人在获得这项惊人的发现后是什么反应。我以为当时他们肯定如释重负，大肆庆功，结果他的回答居然是："哦，我们干活更拼了。"我估计，这个三人组恐怕信奉的是诺埃尔·考沃德 [1]（Nöel Coward）的名言："工作比玩乐更有趣。"

这些年梅达沃把所有的时间和精力都投入到了工作中，甚至都没有给吉恩买过生日礼物或圣诞礼物，因为买东西是需要花时间的。他只是让吉恩自己去买，想要什么就买什么；他们甚至还开过玩笑，让她给她自己写祝福卡："给我亲爱的妻子，她挚爱的丈夫"。梅达沃回忆当时说，自己"全身心地投入科研工作，在家里则是一个烂透了的父亲，从不关心自己的孩子"。在三人团队中，虽然梅达沃很了解布伦特的家庭背景，虽然他们共处的时间非常多，但是也从未讨论过大屠杀或宗教或任何敏感的话题。

小鼠实验后，三人组成了科学界的明星，在美国有"神

---

① 诺埃尔·考沃德（1899—1973）：男，英国演员、剧作家、流行音乐作曲家、导演、制片人。

圣的三位一体"的绰号。1956 年三人组发表了他们的巨作，把 1953 年发表的那三页半的论文扩写成了 57 页的长篇大作，文中有详尽到不可思议的分析，配有 20 张小鼠、小鸡和小鸭的实验照片。接着，在 1960 年，梅达沃获得了诺贝尔生理学或医学奖，和他分享这个奖的还有澳大利亚的科学家伯内特，他的研究方向和梅达沃的类似，即动物如果在胎儿阶段接触到其他动物的细胞和组织，它的免疫系统就不会再对该动物的细胞及组织产生排斥反应。梅达沃曾公开声称希望这个诺贝尔奖能全部授予他的团队（诺贝尔奖规定一个奖项最多只能给三人）并把奖金和彼林汉姆、布伦特平分，以这种方式表明，在他心中，那两位同事在这项研究中起到了十分重要的作用。梅达沃在一封给布伦特的妻子乔安娜的私人信件中说："我希望我说得够清楚明白的了，这（平分奖金）并不是给莱斯利的礼物，而是他应得的报酬。"

雷·欧文也赢得了梅达沃的敬重，他那个关于血细胞在异卵双胞胎牛可以互通的突破性的发现，启发了梅达沃。梅达沃在给欧文的信中写道："获得诺贝尔奖以来，我已经收到了五六百封来信了，这些信中，我最期待的就是您的来信。我认为获奖者当中没有您的名字是一大错误……毕竟是您开启了这一切。"

你为什么与众不同
——相容性基因

梅达沃之所以声名远扬，并非只是因为他获得了诺贝尔奖。他写的文章、出版的书籍，无不文采斐然，到现在仍然很有影响，如著名的生物学家兼作家里查德·道金斯（Richard Dawkins）就说过，他从梅达沃那里获取了灵感，他称梅达沃是"最有才华的科学家"。梅达沃曾给一位法国哲学家皮埃尔·泰亚尔·德·夏尔丹（Pièrre Teilhard de Chardin）于 1955年出版的书《人的现象》（*The Phenomenon of Man*）写过一篇书评，思维清晰、文字犀利。这本《人的现象》在当时影响极大，语言华美，展现了对进化过程的猜测，其内容狂野而不着边际。梅达沃在书评中写道："该书纯靠文风取胜，让人以为真的言之有物……恕我直言，这本书绝大部分都是胡说八道，装饰着各种各样无聊乏味的形而上学的幻想。这个作者极不诚实，纯属欺诈。要想替他辩护，恐怕只有一个理由：他先自欺，然后欺人。"

在梅达沃获得诺贝尔奖一年后，另一位移植领域的开拓者、在伦敦工作的科学家彼得·格勒（Peter Gorer）去世。梅达沃为皇家协会写了一篇格勒的生平。梅达沃和格勒都是杰出的科学家，在移植领域都有了不起的成就，但是命运却大相径庭。梅达沃在把移植和身体免疫反应联系在一起时，格勒找到了移植和相容性基因之间的关系，而且格勒研究的时间点早于梅达沃，当时就有人认为应该把诺贝尔奖颁给格勒。但是格勒不善与人沟通，说话的时候嘴里还常常叼着烟，也许就是这个原因，他的研究成果没有受到太多关注。他衣着不整，行为古怪，常常一晚上喝掉半瓶威士忌。格勒在伦敦盖伊医院工作，那里的医疗环境严格死板，所以即使在自己的研究所，他的价值也被低估，直到死前不久才提升为教授。

理查德·多尔（Richard Doll）于 1950 年发表了一篇具有里程碑意义的论文，认为吸烟会导致肺癌，梅达沃受其影响而戒烟，而格勒死于肺癌，年仅 54 岁，没来得及享受成就给他带来的功名利禄。格勒在 20 世纪 30 年代中期时就有了惊人的发现，但是也许他的研究成果出现得太早，公众还没来得及了解其重要性，直到二战时期，战伤者日众，对手术的要求日高，移植研究的重要性才凸显出来。

　　早期，格勒研究不同小鼠体内肿瘤的存活时长。他把肿瘤细胞注入小鼠，观察肿瘤继续生长杀死小鼠，还是小鼠消灭肿瘤并活下来。他于 1936 年、年仅 29 岁时，发表了从这项研究中取得的发现：即肿瘤的情况取决于小鼠是否遗传了某种特定的基因成分。如果受体小鼠的基因版本与原肿瘤小鼠不同，受体小鼠就会杀死肿瘤细胞并存活下来。但是如果相同的话，移植的肿瘤就会生长并最终杀死小鼠。

接下来，格勒更上一层楼，提出不仅仅是肿瘤才会这样，虽然其生长特性异常，但是在移植实验中，它的遭遇和其他身体组织没有两样。也就是说，无论是肿瘤，还是其他组织，在移植中都遵循着同样的规律。所以，格勒假设，他的实验显示了移植的普遍规则。他发现，小鼠身上有一种特别的基因成分，该成分决定小鼠间的细胞移植是否会产生排斥反应。不久，科学家们发现，格勒确定的基因成分中，就有和人类的相容性基因类似的小鼠基因；也因此，有人认为我们对相容性基因的了解始于格勒的移植实验。当然，也有人并不同意这一说法。

梅达沃和格勒之间的关系相当复杂。梅达沃常常拿格勒的开销开玩笑，但是针对一些科学问题，他们之间也会爆发激烈的争吵。其中一个问题他们争执了很久，一直无法达成一致意见：小鼠和人体的红细胞的本质到底是什么。有关这两个不同物种的实验造成了困惑，因为，正如我们现在所知，小鼠体内的红细胞中有少量相容性基因编码的蛋白质，但是人体内没有。不过当时他们并不知道这点。不管怎样，他们都很欣赏彼此的才能。英国皇家协会有个规定，协会成员都可提交文章分享自己的成功之路，纪念那些对他们影响甚深、鼓励甚多的人和事，格勒写了"与P.B.梅达沃之间深厚的友谊"，令梅达沃大受感动。格勒写道："我们之间的相互影响到底有多大，这一点很难说清楚，但是，绝对深远。"

1962 年，格勒去世一年后，梅达沃得到任命，在位于伦敦的磨坊山国立医学研究所担任所长。每天，研究所的司机去他位于汉普斯特德的家接他上班。一般来说他 9:00 到达工作地点，即使是从美国出差刚搭红眼航班回到英国时也是如此。此时，梅达沃研究生涯的成就即将达到顶峰，仍然和他的伙伴彼林汉姆和布伦特一起。也就是在这一年，他和他的妻子吉恩应苏联科学院的邀请去俄罗斯访问。

吉恩婚后一直是家庭主妇，这在 20 世纪 50 年代的英国是一件很普通很平常的事。但是在俄罗斯访问期间，总是有人问起她的职业。这个问题一直在她的脑海中回响，等他们一回到伦敦北部，吉恩就找了个工作，在伊斯灵顿的计划生育诊所上班。1967 年，她坐上了计划生育协会的第二把交椅，也正是这一年，避孕药极大地改变了人们对性的态度。但是不久，吉恩和彼得的个人生活发生了翻天覆地的改变，悲剧到来。

1969 年 9 月 7 日，在英国科学协会为期一周的会议临近尾声的时候，同时那也是阿姆斯特朗和奥尔德林登陆月球几周后的一天，协会的年值主席彼得·梅达沃在埃克塞特大教堂诵经，这在当时是一种传统，科学协会参与年度宗教盛典。当他读到《所罗门之书》中"智慧比任何行为更为灵动，因为她纯洁无瑕，超越并穿透万物"时，他的声音突然变得含混，随后他跌落在椅子上，陷入昏迷。吉恩知道他这是中风了。后来回忆那时发生的事情时，吉恩说当时她脑海中闪过一个念头，"他从巅峰跌落到生不如死的谷底"。

梅达沃右侧脑出血，病情严重，至少有一年的时间，他将无法履行职责。医学研究委员会总部认为，他们应该找一位更年轻、能力出众的人来替代梅达沃任职。研究所中许多人，包括和彼得关系比较亲密的人，都认为这是明智之举。一个候选人浮上名单：年轻的科学家丽兹·辛普森（Liz Simpson），兽医，新加入梅达沃的团队不久，当时已经接手了梅达沃手中项目的日常管理，而那些项目仍然十分重要。例如，梅达沃的团队当时正在做的研究是，如果用药来抑制免疫系统以提高移植成功率，是否会导致癌症发生。即使是辛普森本人也认为，梅达沃最好不要再担任领导职务了。但是彼得和吉恩在这个问题上十分顽固，吉恩甚至还舌战医学研究委员会，最后，彼得在研究所所长这个位置上又干了两年，即使他已经左侧身体瘫痪、左胳膊挂着吊带、左腿打着夹板，仍不肯退下来。最终，在医学研究委员会的压力下，梅达沃卸任，于 1972 年转到诺斯威克公园医院，在新的临床研究中心担任移植生物学部门的主管。

在 20 世纪 80 年代中期，梅达沃又遭遇两次更严重的脑卒中，但即使如此，梅达沃的工作热情也丝毫没有降低。1984 年他接受《新科学家》杂志的采访时说，"我唯有工作……从来都是如此，以后也不会退休"。医生查看彼得的脑部扫描，无不震惊，他们无法理解彼得居然还能活着，更不用说写书，外加每个工作日都去诺斯威克公园医院上班了。他的病情给他带来的一个好处是，他在实验室参与讨论的机会反而更多，当然，还有他的孩子们在家里见到他的时候也增加了。他有 4 个孩子，查尔斯·梅达沃在 2010 年跟我说，他对父亲的记忆，在他脑卒中后远多于他生病前。

杰出的进化生物学家兼作家史蒂芬·杰伊·古尔德（Stephen Jay Gould）是如此评价梅达沃的："梅达沃即使只有半边身子能动弹，也比绝大多数身体健康的人活得更久，生活质量更高。"事实也确实如此。第一次脑卒中后，彼得和吉恩共同生活了 18 年，并取得了诸多的成就。两人作为共同作者出版了两本书。那位在彼得生病时帮助打理临床研究中心的丽兹·辛普森说，"即使他的大脑只剩下10%能用，也比大部分健康的人强"。

梅达沃死于1987年10月2日。他的学生阿芙俪恩·米奇森写的讣告发表在《自然》杂志上，在讣告中，他把梅达沃称为"这一代最杰出的英国生物学家"。现如今，米奇森在他自己的研究领域已经成绩卓著，但是一提起梅达沃，他就眼睛发亮，连称梅达沃"不可思议"。梅达沃的科学成就固然极为了得，但是让他成为传奇的，却是那么多人给他的褒奖之辞，以及他的许多著作。牛津大学和位于伦敦的大学学院都有以梅达沃命名的建筑。小说家兼物理学家C.P.斯诺（C.P. Snow）赞扬他说："如果这个世界是他（梅达沃）设计的，那将美好得多。"

梅达沃和他的同事彼林汉姆和布伦特这个三人组的发现之所以如此伟大，是因为它给科学家们打开了一扇大门，让他们看到，可以通过在胚胎发育阶段植入细胞，以达到移植耐受的目的，也就是所谓的"获得性耐受"。他们借鉴了格勒的研究成果，从中得知在控制移植相容性方面，基因成分起了重要的作用。但是他们对相容性基因的具体作用还不是特别了解。他们只知道，相容性基因在移植方面很重要，移植排斥又与免疫系统有关。在梅达沃的生命即将结束时，人们对免疫系统中的相容性基因的了解更为深入。哈佛大学的另一个三人组科学家团体发表了一篇论文，用一张原子结构示意图生动地显示了相容性基因的工作原理。只可惜，当时梅达沃已去世一周了，否则，他会沉醉于此的。

梅达沃在一场讲座中，也就是他第一次脑卒中的前一天，引用了 17 世纪哲学家托马斯·霍布斯（Thomas Hobbes）的话作为结束语："生命永无满足，唯有向前。"霍布斯认为生命就像一场赛跑，最为重要的，是为了改善这个世界，必须参与其中、全力以赴、雄心勃勃、永不停歇。梅达沃对此深有同感。18 年后，同样的引语雕刻在梅达沃的墓碑上。吉恩死于 2005 年，葬在他的旁边。

梅达沃的影响之深远，远远超过移植和免疫学领域，对此，梅达沃恐怕无法知晓了。而且有一点也愈发明确，即很多医学问题并不仅仅是科学方面的问题，也是社会学、伦理学甚至是经济学方面的问题。梅达沃的儿子查尔斯成立了一家名为"社会审计"的组织，这个组织后来成长为一股强大的力量，目的在于将制药公司纳入审计。20 世纪 90 年代，该组织活动达到顶峰，查尔斯的网站一年有上百万的点击量，把民众的注意力吸引到一系列问题上，如在南半球有些药物进行了不必要的营销，等等。

彼林汉姆于 2002 年去世，在他生命的最后几年，他因罹患帕金森病而痛苦万分。布伦特是"圣三位一体"中唯一剩下的成员，用他的话说，是唯一仍挺立的多米诺骨牌。他已经八十多岁了，仍然活跃在移植研究领域，在一所规模较大的欧洲实验室联盟工作，寻找肾移植中抑制免疫反应的新方法，这在目前仍是一个难题：英国需要做器官移植手术的病人中，有 85％的病人在等待肾源。

布伦特漫长的职业生涯始于他为了完成博士论文而参与导师梅达沃的实验，而那些实验，让梅达沃获得了诺贝尔奖。当时，和梅达沃一起获得诺贝尔奖的还有澳大利亚人麦克法兰·伯内特，他是独自一人做的研究，其理论得到了梅达沃三人组的实验的证实。接下来我们要谈谈伯内特，谈谈位于地球另一边的那位科学家，谈谈他的理论，这样，我们能更深刻地了解梅达沃三人组的实验，也能弄明白为什么我们人与人之间的差异如此重要，即使那些差异非常微小，微乎其微。

"自我"与"非我"

原子中，电子围绕着质子旋转；原子集合成为分子；分子簇拥在一起，成为细胞；而你的身体，由细胞组成。这个理论早已确定并广为人知。所以，人与人难道不是差不多吗？不，梅达沃的移植排斥的实验告诉我们，我们身体中的细胞能把自身的和别人的细胞区分开来。让我们回顾一下那些实验，病人的身体只接受自体移植的皮肤，而取自他人（即使是亲属）的皮肤，则受到排斥。这怎么可能？到底是什么分子物质给予我们独特的身份？我们的身体又是如何辨认身份的？这正是弗兰克·麦克法兰·伯内特（Frank Macfarlane Burnet）的研究起点，他提出疑问：人类的身体到底是如何确认细胞和组织就是自身的？或者换句话说，人体到底是如何区分"自我"和"非我"的？

伯内特性格内向。莱斯利·布伦特说，伯内特是"一个干巴巴的枯燥无味的老头，头发永远都乱蓬蓬地立着，跟梅达沃正好相反"。同时，伯内特也是人类生物学领域最伟大的科学家之一。1937 年，时年 38 岁的伯内特非常明确地指出，免疫系统的任务，就是去区分什么是你的、什么不是你的，也就是说，免疫系统必须做的事情就是识别并摧毁"非我"。由此，伯内特意识到，一旦搞清楚了身体识别自体细胞组织的原理，就能明白身体是如何识别疾病的。

细菌能导致疾病发生，就是这么一个简单的事实，引导科学家们去思考免疫系统的工作原理。当然，光是知道"细菌致病"这一点，在医学方面就已是十分重要的发现，除此之外，细菌的相关知识也让我们知道，疾病是由身体以外的某物质造成的，也就是"非我"。当然我们现在都知道细菌致病，但是人类却花了上千年才发现这一事实。

让我们来回顾一下人们对疾病了解的历史，这样才能理解为什么我们会说伯内特的思想具有划时代的意义。

古希腊哲学家兼医生希波克拉底（Hippocrates）出生于

约公元前 460 年，他大约是第一个认为疾病既非上帝手笔，也非某种迷信的结果，而是由自然造成的人。古希腊医生以及后来的古罗马医生均认为，疾病是因为四种"体液"中的某一种过多或过少引起的，这"四种体液"指的是黑胆液、黄胆液、黏液和血液，每一种体液处于正常水平时，人才是健康的。这种看法一直延续了两千年，基本上没有发生过改变。

什么是疾病，到底是什么引起疾病，相关知识的获得，意义不仅仅涵盖医学本身。在历史上，对疾病本质的谬解，无数次引发了人类最恶的行为。1347 年黑死病在欧洲肆虐，当时的人们还完全不了解什么是疾病，什么导致了疾病发生，因为科学地研究疾病，是几百年后的事了。因为无知，这次黑死病杀死了欧洲至少三分之一、也许是二分之一的人口，死亡人数为 7500 万 ~2 亿人。而且黑死病在接下来的 400 年间不断侵扰欧洲，只是后果都不如这次惨烈。无法避免的，大城市受到的影响最大，巴黎和伦敦的人口都少了一半。各地的编年史都描述了当年的祸事，活着的人来不及掩埋死者；比起诺亚洪水来，黑死病更像是末日杀手。

对于黑死病，那时的医生各有各的意见和想法，但是他们都没能找到真相。大多数人认为这是上帝对人类的惩罚，而占星家声称这一切恐惧的来源是火星、土星和木星排成了直线（这一说法无法解释为什么有些人死于黑死病，而有些人幸存下来）。有些人相信瘟疫是由反上帝的罪引发，因而他们想要杀死基督的敌人。当时一个很流行的看法是，黑死病是由犹太人和其他非基督徒传播的。犹太人被指控在井里投毒以谋杀基督徒，而且因为被捕后都遭受酷刑折磨，被指控的犹太人常常不得不招供认罪，所以人们都认为这种指控属实。由此，为了报复犹太人的"恶行"，数千犹太人在法国、奥地利和德国惨遭杀害。这样的观点一直沿袭，直到一个世纪后，在西班牙，这一悲剧仍在重演。

数百年间，正是因为不了解疾病的本质，欧洲的各国统治者频频发起宗教迫害，把人绑在火柱上烧死。这种做法，大概是因为他们认为烧死异类，人类就安全了。然而根据现如今疾病的相关知识，我们知道，人类基因的差异正是我们免疫防御系统的核心。那么多年的清除异己，与人体免疫功能的真相相较之下，真是既讽刺，又令人感到悲哀。

19 世纪，现代对疾病的解密之途终于开启，这个时代的巨人是查尔斯·达尔文（Charles Darwin）和法国微生物学家路易·巴斯德(Louis Pasteur)。这两位传奇人物并未碰过面——

说起来真是遗憾，其实他们是有机会碰面的。现在，巴斯德的名字几乎印在奶酪的每一个包装盒上[①]，而达尔文则相反，因为人们认为他杀死了上帝，所以他得到的待遇挺复杂，要么受到敬重，要么受到诅咒。

巴斯德认为活细胞对于葡萄酒酿制至关重要，还有，酸奶中有细胞在萌芽并繁殖。当时，关于发酵到底是怎么回事的辩论开展得如火如荼，激烈酣畅。发酵到底是某种化学物质分裂变质，还是一种生物变化过程，没人说得清楚。巴斯德很明确地指出，发酵这一过程的核心是某些极小的、肉眼看不见的生物体。巴斯德的理论中最了不起的一点是，他意识到，我们人类其实也处于这一有无数的看不见的生物存在的世界中。既然这些无影无形的微生物能对事物的本质造成巨大的影响（如发酵），那么，他推测，它们也有可能就是人类疾病的制造者。当时许多人认为这一观点十分荒谬：那么小的东西，小到肉眼都看不见的东西，怎么可能杀死强大

---

① 巴氏杀菌（pasteurization）：又称低温长时杀菌法，就是由路易·巴斯德发明的杀菌法，即利用较低的温度既可杀死病菌，又能保持物品中营养物质风味不变的消毒法。巴氏消毒采用较低温度（一般为60~82℃），在规定的时间内，对食物进行加热处理，达到杀死微生物营养体的目的。牛奶和奶酪消毒一般采取这种方式，大多会在包装盒上注明，而巴氏杀菌就是以巴斯德（Pasteur）的名字命名的。

得多的人类？

　　巴斯德的微生物理论之所以被科学界嗤之以鼻，是因为这些微生物既看不见，也不知道来自何处。这些微小的生物，是在牛奶变酸、腐肉长蛆时，自然而然发生的化学反应吗？还是从已有的生命体中变化产生出来的？对当时声名卓著的法国科学院的学者们而言，这是最难解答的问题。

　　巴斯德设计了一个独特而又简单的实验终结了这一辩论。

　　巴斯德把一个玻璃烧瓶的颈部塑成细长的S形管子，然后在这个所谓的天鹅颈烧瓶内放置了一些清亮的肉汤，宛如汤底一样，搁在玻璃烧瓶的底部。肉汤经过加温，以杀死其中所有的生命体。虽然肉汤仍暴露在空气中，但是由于其位于S形瓶颈以下的底部，人们认为肉汤中应该不会长出什么东西来，因为空气中的微生物和灰尘会累积在瓶颈的弯道中，落不到肉汤上面。但是过了一段时间后，肉汤已变得浑浊，里面开始长东西了。实验证明，即使有S形瓶颈，灰尘里的微生物最终仍然随空气一起接触到了肉汤，使肉汤发生了变化。所以，生命并不是在肉汤中无中生有而成的，而是在空气中本已存在，并且无法阻隔，终将跟肉汤发生点什么。这个实验同时也给了我们更具体入微的证据，证明在我们的周围，微生物无处不在。

1876 年，德国科学家和医生罗伯特·科赫（Robert Koch），一个采矿工程师的儿子，发表了一篇论文，认为就是这样的微生物导致人类染病。

科赫曾在波兰西部的威尔斯泰因做地区卫生官员，白天看病，晚上就在家里拿着小鼠做实验，从死畜的脾脏内提取炭疽芽孢杆菌使小鼠感染。科赫跟很多科学家不一样，做这些研究的时候，既没有泡在图书馆，也没有和其他科学家合作，而且没有得到任何科研经费。他就这么简简单单地，在自己的四居室公寓建立了一个临时实验室，用的是他妻子送给他的显微镜和自己购买的设备，拿小鼠做动物实验，就这么着，开始了他的探索。

当时科学家们已经知道，患病动物的器官和血液可能会导致该病传播，但是科赫的实验之所以了不起，是因为他用牛的眼内液体培养杆状炭疽细菌，并证实这些经实验室培养的、与外界隔离的细菌仍能感染小鼠。科赫的实验一击即中，得出结论：细菌确实能够致病。这一实验过程毫无瑕疵，实验结果也一劳永逸地回答了疾病的由来这一问题。很快，科赫的研究成果就使得"那些肉眼看不见的微生物会伤害到我们的健康"这一说法不再显得荒谬。

现在，我们知道地球上大约有 5×10^{32} 个细菌，其中很多都能致病，而我们的免疫系统，确实在多半的情况下，能保护我们。

科赫和巴斯德的发现相互佐证，契合得十分完美，只是这两个人却都视对方为头号敌人。在他们的职业生涯中，他们大多时候都打着爱国的旗号攻击对方的发现，恰恰映射了当时德法两国的政治分歧。科赫比巴斯德小 20 岁，他认为巴斯德获得的微生物不如他培养的那么纯净，而且巴斯德的实验常常毫无意义。1882 年在日内瓦的一次会议上，时年 60 岁的巴斯德当众讽刺坐在前排的科赫。巴斯德先是描述了科赫最新的关于鸡瘟的实验，实验显示，致病细菌的感染性可以降低并用来做疫苗，然后评论说"真理再怎么明确清晰、光彩夺目，别人也不一定就会接受"。巴斯德生怕别人没有充分理解他的意思，补充说道："科赫医生的这个实验并没有什么了不起……我曾说过，我也做过类似的实验，用了 80 只鸡做的……可是他不相信，因为做这个实验要花很多钱。"
然后，巴斯德得意扬扬地爱国了一把："但是为了科学……
我国政府让我不要担心费用的问题，该花多少钱就花多少钱，
随便花。"科赫和他的学生们坐在一起，听着巴斯德的高谈
阔论，面无表情、一言不发。

第二年，《波士顿医学和外科杂志》（*Boston Medical
and Surgical Journal*）发表了一篇社论讨论这场争辩。该文敏锐、
睿智，适用于评论任何时候的任何一场争论：

科学的真理与谬误，这种客观而又抽象的问题，为什么
总无法摆脱主观的科学家人品的影响？发现者们争夺着优先
权、愤怒占据天才的大脑，真是令人遗憾。其实，未知的领
域无边无际，所有的航行者们完全可以追寻自己的道路，实
在是用不着去相互攻击。

也许这些言辞有些幼稚。科学领域，以及其他领域的开
拓者们，意志必须足够坚强，这样才能找到新的方向；同时
也要脸皮够厚，能承受住当前盛行理论的卫道者的攻击。开
拓者们需有强大的自信，自信和天赋同样重要。然而自信和
自负往往只有一线之隔。

巴斯德和科赫这样的冲突，在科学界比比皆是，但他们的对抗则堪称模板。有一点很重要，我们得记住：科学家和艺术家是不一样的。艺术家闪耀着个性的光芒，而科学家的工作，永远不是单打独斗。任何科学发现，如果你不是第一个揭秘的，果实就会落入旁人的囊中。

再回到巴斯德和科赫，虽然他们之间水火不容，但是确实仍然是他们两个人的成就，共同确定了"细菌致病"这一发现。科赫于1905年获得诺贝尔奖，但是巴斯德已于6年前去世，当时诺贝尔奖还未面世。目前，都有以他们的名字命名的大型研究机构。

现在，细菌的概念已经深入人心，所以我们很难理解，为什么在当年，"肉眼都看不见的细小的东西对人类的伤害如此之大"这一说法会被认为是荒谬的无稽之谈。当时，科学家们需明明白白地证明疾病既不是邪灵作祟，也不是四种体液失调，更不是腐败之物散发的毒气所致（也就是中世纪的瘴气理论）。不同的疾病有不同的致病因素，但是许多疾病都是由微生物造成的，而认识到这一点，无疑是第二个千年最伟大的成就。

　　卫生保健，以及几乎所有的现代药物，都是建立在这个理论之上的。《生命》杂志曾罗列出的上个千年 100 件最重要的事件中，发现细菌排在第 6。古腾堡① 印刷《圣经》排在第 1，但是细菌的存在击败了疫苗（第 13）、进化论（第 15）、电话（第 20）、青霉素（第 22）、登陆月球（第 33）和 DNA 结构（第 76）而高居第 6。这样的排名其实相当主观，至少排名第 82 的发明可口可乐就很让人不解。但是毋庸置疑，发现细菌排名第 6 还是实至名归的，因为这对人类健康的影响最为巨大深远。这同时也是至关重要的第一步，它引导我们发现，我们的免疫系统能够通过辨认自体细胞组织，即"自我"，和来自自己身体以外的物质，即"非我"，来维护我们的身体健康。

　　当然，"自我"和"非我"的概念所指远远超过我们的免疫系统。许多哲学家和宗教学者一直都在讨论着这两个词的意思，认为"自我"既可以是一种形而上的概念，也可以用来指代人类身体。例如，佛教认为，"非我"，就是通过感官所了解的外部世界，不应沉迷其中；而"自我"，是自身的那个寻求快乐、渴求虚荣、引发嫉妒、招致憎恨的部分。

---

① 约翰内斯·古腾堡：1400—1468，德国活版印刷发明人。

佛教认为，"自我"的存在只是一种虚幻，人在一生中都应努力摆脱这种妄想。这种是对"自我"的整体和精神的诠释，和免疫学所涉及的纯分子领域的描绘，是完全不同的思考层面。用"自我"和"非我"来描述跟组成人类身体的分子结构有关的理论，其实是大词小用；然而，在某种程度上，个体就是由分子成分发生化学反应而产生的。

伯内特最初在 1940 年开始使用"自我"（self）和"非我"（non-self）这两个术语。当时，他生活和工作的地方在澳大利亚，不像梅达沃的科研基地伦敦，不算是国际上科研的核心地区。他开始用这两个术语的时候，只是用了个隐喻，并非严格意义上的医学术语。但是到了 1949 年，他和同为澳大利亚人的同事弗兰克·芬纳（Frank Fenner）一起，明确地使用了这两个词来阐述他们的理论，也就是他们所说的"'自我'标记假说"。他们认为，人类免疫系统就是通过把"自我"同"非我"区分开来以发挥作用的。

芬纳比伯内特小 15 岁，他一直很谦虚地自称只是一个助理，他所做的就是核查数据，说"是伯内特承担了所有的解释和理论构建的工作"。实际上，芬纳之后发表了 300 多篇论文，在根除天花方面起了相当重要的作用。在他整个职业生涯中，他的书桌上始终放着一张伯内特的照片。

和梅达沃不同的是，伯内特的研究动机并非是解决在临床中移植手术出现的排斥问题。伯内特也从未如梅达沃一样，在战伤医院目睹伤患的惨状，本人也从未收集过临床病例。尽管他之前研究过病毒，也通过做实验发现流感的传染方式，但是激发他的却是想要了解免疫反应过程中到底发生了什么，事实上，他雄心勃勃想要达成的目标，就是要发现免疫学的大一统理论。

在这方面，伯内特其实一直在追随着巨人的脚步。两个人对他影响巨大，一位是阿尔伯特·爱因斯坦（Albert Einstein），还有一位是理查德·费曼（Richard Feynman）。爱因斯坦获得诺贝尔奖的时候，伯内特年仅22岁，而伟大的物理学家费曼，和伯内特及梅达沃都是同时代的人。爱因斯坦和费曼都沉溺于追寻能把自然界不同力量统一解释的基本通则，他们的思考方式现在仍在延续，史蒂芬·霍金（Stephen Hawking）和许多其他的科学家都在寻求大一统理论。伯内特也是走的这一条路。

19世纪，查尔斯·达尔文在四处搜集甲壳虫，种类繁多的甲壳虫正是生物多样性的活生生的写照。达尔文是伯内特心目中的英雄，他搜集甲壳虫的事例在年幼的伯内特心中埋下了种子，激发他去寻找生物的普遍性及其基本通则。伯内特也搜集甲壳虫，他记下甲壳虫的异常行为，在素描本上画满了甲壳虫的腿和触须。后来，在那些夜晚，和家人共进晚餐之后，他会阅读最新的科学期刊，《自然》《科学》等，在小卡片上记录下他阅读的信息。

之所以热衷于收集整理这些知识，其原因，最起码部分原因，有可能是因为他和父母关系并不亲密。他母亲忙于照顾他精神异常的姐姐朵丽丝，对他的关照自然就少了。他父亲更喜欢跟朋友外出打高尔夫球或钓鱼，很少待在家里。伯内特回忆过往时说，当他年仅8岁时，就对职位为当地银行经理的父亲的几笔交易提出异议。伯内特姐姐的病，是出生时的并发症造成的，在家以外的地方他们不能提这事儿，而且也不欢迎朋友们到他家玩，伯内特之所以长成一个害羞内向的人，很可能就是因为这些原因。"总是独自一人"，伯纳特是这么描述自己的。7岁时，伯内特就已经在学校因成绩优异而获奖，长大后，他以第二名的成绩毕业于墨尔本大学的医学院。他酷爱墨尔本公立图书馆，尤其是所有那些"关于甲壳虫身体结构的书，以及书里所有的那些知识"。

1921 年 10 月 21 日的傍晚，伯内特听说父亲病重，而父亲住在远离墨尔本西南 200 千米的特朗，一个大约只有 2000 居民的小镇。第二天，伯内特乘火车急匆匆地赶往特朗，想和他父亲拉近关系，消除父子间的对抗，然而为时已晚。

伯内特继承了父亲的爱国思想，一方面反对澳大利亚被视为英国的殖民地，另一方面，他立志于证明澳大利亚的科学技术在迅猛发展，终有一天能和其他国家比肩。1944 年，由于早些时候在病毒研究上取得成功，他获得了哈佛大学一个薪金优渥的职位，一个比墨尔本条件好得多的研究环境，但是他拒绝了，因为他觉得他的孩子应该在澳大利亚长大。

伯内特和女性在一起时格外羞涩，第一次和女孩子跳舞时，他已经 24 岁。不久后，他通过相亲结识了后来的妻子琳达。琳达和吉恩·梅达沃一样，意识到丈夫将终日工作，无暇陪伴自己，她接受了这一事实。伯内特严严实实地保护着家庭隐私，只有在获得诺贝尔奖以及担任一家著名研究所所长时，他的家庭才猝不及防地暴露在闪光灯下。他在 1968 年出版的自传中，对妻子琳达的描述是这样的：“对于她，我只会说一句，我们是在 1928 年 7 月 10 日结的婚。除此之外，不会再提到她了。”他们有 3 个孩子，老大伊丽莎白·德克斯特于 2011 年说，琳达一般会"把任何可能打扰他工作的人赶开"；
"父亲从不会拒绝别人，但是母亲会！"同梅达沃的妻子吉
恩相似，琳达也从不会妨碍伯内特的工作，她只管照顾好家庭，
让伯内特能源源不断地取得一个又一个的科研成果。

伯内特和梅达沃的又一个相似之处在于，他们都深受
雷·欧文的实验影响。我们前面提到，欧文发现异卵双胞胎
牛能接受对方的细胞，其原因很可能是它们在胎儿期间共用
一个胚胎。事实上，欧文这一对后世影响颇大的发现，在当
时并没有引发任何涟漪，直到伯内特和芬纳在 1949 年发表自
己的论文时提及此事，科学界才意识到这一发现有多重要。
梅达沃就是其中一个，在看到伯内特和芬纳的论文中提到欧
文之前，他对欧文的发现一无所知。

根据欧文的发现，伯内特推测异卵双胞胎牛之所以对对
方的细胞耐受，是因为还是胎儿时，小牛就已经接触到对方
的细胞。由此，他推测，人类免疫系统肯定也是在胎儿期间
或婴幼儿期间学会识别自身细胞的。虽然其详细的工作原理
尚不得而知，但是似乎免疫系统应该在很早的时候就已经了
解我们的身体是由什么组成的，这样它才能够攻击来自外界
的物质。

伯内特并无证据证明自己的猜想，所以在 1949 年的论文中说"这一理论是否有价值，尚待证实"。几年后，梅达沃的皮肤移植的实验，特别是 1953 年发表的那三页半的论文，证实了伯内特的猜想是正确的：免疫系统确实会接受在动物生命早期接触过的细胞或组织。

尽管这一发现让伯内特和梅达沃在 1960 年获得诺贝尔奖，但是免疫系统到底是如何工作的，仍无人知晓。免疫系统在生命早期到底是如何学会识别自身组织细胞的？这仍然是一个谜。伯内特也说，这一获得诺贝尔奖的成就，"仅仅是漫长旅途中的一个中间小站，之后还有更长的路要走，还需更多的努力，才能了解免疫系统的奥秘"。他说的没错，他的下一个理论，比这个让他获得诺贝尔奖的成就重要得多。

伯内特思考的重心，同时也是他同时代人思考的重心，是抗体。抗体发现于 1890 年，是在血液中发现的可溶性蛋白质，它可附着并中和所有的细菌和其他可能导致危险的分子。关键问题在于，抗体是如何做到既能认出那么多种类各异的细菌，同时又不攻击自体的细胞或组织的？这是真正的大秘密。20 世纪 50 年代中期，全世界的化学家都开始合成以前从未存在过的新分子，而生物学家发现，人体能制造出能识别并附着在这些新分子上的抗体。之前，科学家们试着去了解抗体是如何认出特定种类的细菌，而现在，有确切的证据表明，事实上，抗体能识别出每一样东西，即使是宇宙中从未出现过的、现在由科学家们合成出来的崭新的分子。在当时，这是免疫系统工作原理中最大的疑团：抗体到底是怎么做到的，既能对数量无极限的各种"非我"分子做出反应，同时又不对"自我"细胞和组织发动攻击？

当时最通行的理论是，抗体能变化成任何形状以能够和外来分子结合，从而使其毁灭。这个理论由两次获得诺贝尔奖的美国生物化学家莱纳斯·鲍林（Linus Pauling）牵头，也就是所谓的"教学理论"，即抗体在外来分子的指导下变换形状，以使其能与分子结合。

出生于伦敦的丹麦科学家尼尔斯·杰恩（Niels Jerne）对此理论提出了异议。

杰恩是科学界大器晚成的范例，在1984年获得诺贝尔生理学或医学奖。他在荷兰长大，于莱顿大学学习物理，之后花了约13年的时间辗转于各种职业，最后决定重回学校继续学习，这一次改学医，最后在年近40岁的时候，于1951年在哥本哈根获得博士学位。之后，他在位于哥本哈根的丹麦国家血清研究所工作，这个研究所是一家主攻传染病的政府研究机构，在这里，杰恩主要从事抗体研究。杰恩把这一时期视为自己一生的分水岭，在此之前，他一直处于"黑暗的中世纪"，所以也压根没考虑过什么免疫学。即使如此，据说，终其一身，杰恩都仔细保存着几乎所有的通信和手稿，因为他自认他的成就最终将会惠及全世界，到了那时候，他的这些手稿会变得极有价值。

在研究抗体前，杰恩生活中遇到过许多困难，尤其是情路坎坷。他的婚姻充满激情，不受社会习俗的约束；夫妻双方都有过婚外情，这也使得他们的婚姻饱受磨难。他的妻子缇杰珂是哥本哈根一位成功的艺术家，每天努力克服各种困难抚养两个孩子，而杰恩在他父亲的丹麦培根公司工作，常常不在家。1945 年，缇杰珂自杀身亡，杰恩对此满怀愧疚，因为此前他曾威胁说要离婚。沉浸于科学，尤其是抗体研究，也许是他逃避现实的方式。

从此，杰恩找到了工作重心，得以把心思全部转到其上后，便开始琢磨所谓的"教学理论"，他觉得"所有分子都能教导细胞如何去制造适当的抗体"这一理论看上去有点

"古怪。"此外，他还对一些具体问题有怀疑，如抗体是如何知道它该对付哪一个分子的？为什么抗体只会对付"非我"分子？

之后的某一天，也就是他妻子自杀9年后、伯内特论文发表4年后的某一天，杰恩在下班回家的路上突然有了个灵感。在那短短的20分钟的步行路上，他的思维突然敏锐起来，构建了一个关于如何分辨"自我"和"非我"的新理论。他突然想到，也许所有的那些不同形状的抗体都是事先就存在的，它们在细菌入侵之前，就已经在血液中循环了，所以一旦有某种外来分子侵入，那事先就已存在的各种形状的抗体中，至少有一种抗体能立刻辨认出这种外来分子。这就是后来所说的"选择理论"，意为在各种各样的抗体"池"中，有一种抗体会"被选择"出来，这种抗体能够附着在外来分子上，并毁灭该分子。

杰恩觉得这种解释真是太对了，绝对的正确无误，不可能错。

詹姆斯·沃森（James Watson）[1] 是最先从杰恩口里得知这个新理论的。沃森在 1950 年的时候，还是一个学生，跟着杰恩在丹麦国家血清研究所工作，从那之后，和杰恩就成了朋友，后来因为和弗朗西斯·克里克（Francis Harry Compton Crick）共创的关于 DNA 的双螺旋理论而声名大噪。当时沃森认真地听取了杰恩的"选择理论"，觉得这理论简直是荒谬。鲍林也毫不犹豫地对此嗤之以鼻。两人之所以都觉得这个理论臭不可闻，是因为他们都有多年分子形状研究的实践经验，他们当时所知的是，在人类血液中，不可能事先就存在有那么巨大的一个容纳不同形状抗体组成的"池"。

但是伯内特的反应截然不同。伯内特没有从事过分子形状的研究，没有相关的实践经验，但是当他一了解这个理论，立刻激动起来，并且意识到这个观点在理论上可能是正确的。他认为杰恩是"活着的免疫学家中最聪明的一个"，在对这个理论深入思考后，提出了一个修改意见，这个修改至关重要，杰恩称为另一个"猜想"。伯内特写了一篇两页纸的论

---

① 詹姆斯·沃森：沃森曾因一系列言论在科学界和社会引起广大的批评，尤其是"种族歧视"的言论。2018 年年底，他再次提出基因差异导致黑人和白人在智力方面存在差异。因此，沃森曾担当名誉主席并为其工作近 40 年的冷泉港实验室，在 2007 年因其"种族歧视"言论解除了他的行政职务后，在 2019 年把他所有的荣誉头衔也全都取消了。

文，《对杰恩的"采用克隆选择的方式产生抗体"这一理论的一个修改意见》（*A modification of Jerne's theory of antibody production using the concept of clonal selection*），于1957年发表在《澳大利亚科学杂志》，那一年他57岁，远大于普遍认为的科学家的黄金年龄——产出最多成就最大的年龄。

伯内特对杰恩理论的"修改"十分重要，一举改变了两人的声望——此时离伯内特和梅达沃共获诺贝尔奖还有三年——也把杰恩原来的理论从"恶臭"变成了"真香"，成为免疫系统所有知识的奠基石。一般来说，如果一篇科学论文在发表几年后仍有人记得，这篇论文就算是上佳之作了。伯内特的这篇论文，在过了五十年后，仍熠熠生辉，顶级的专业期刊《自然免疫学》称之具有极为重要的意义："在这么短小的篇幅里包含了那么大的信息量，且理论影响如此之深远，这样的论文极为罕见。"

伯内特修改的一点是，需关注的是制造抗体的细胞，而不是抗体本身。伯内特认为一个细胞制造一个特殊性质的抗体，那么所有的制造抗体的免疫细胞一起就能制造出100亿个抗体，每个抗体的形状略有不同。那样，任何一个"非我"分子进入身体，至少就会有一个免疫细胞制造的抗体形状与那个分子相契合，可以附着其上。当细胞看到其制造的抗体能够附着在某个分子之上，它就会开始增殖，该细胞的众多克隆体就能分泌大量的"对症下药"的抗体，有效地中和危险的分子或细菌。伯内特把这个理论命名为"克隆选择理论"。

同时，美国科罗拉多大学的免疫学家大卫·塔尔马（David Talmage）也发表了与此有关的看法。然而，伯内特的传奇把塔尔马的贡献笼罩在阴影之下，这一点到目前仍然引起争议。这种情况同一世纪前出生于威尔士的博物学家阿尔弗雷德·罗素·华莱士（Alfred Russel Wallace）和他同时代的人查尔斯·达尔文的情况类似。1858 年[①]，华莱士寄给达尔文一封长达 20 多页的信，就物种是如何在环境压力下发生变异的理论详细地阐述了自己的观点。达尔文已经独立工作几十年，收集了无数的证据以证明这一理论，看到华莱士的这封信，达尔文大受刺激，飞快地写完了《物种起源》，并于 1859 年 11 月 24 日出版发行。同样，1956 年，塔尔马给伯内特寄去了自己的论文样本，论文中他的观点和伯内特的克隆选择理论类似，而他的论文灵感来自伯内特和芬纳在 1949 年发表的关于免疫系统区分"自我"和"非我"的论文。彼时，伯内特已经独

---

① 1858 年：原文为 1958 年，疑为笔误。

立完成了自己的研究，得出了和塔尔马同样的结论，并且毫无疑问，他的理论更加完善。这不得不让我们又想起在学术成就方面，达尔文优于华莱士。

无论是华莱士、达尔文还是塔尔马、伯内特，他们的新理论一出炉，面对的几乎是所有人的反对。塔尔马觉得，所有新理论都会受到质疑，这个也不例外。

针对伯内特和塔尔马的主要质疑是：为什么免疫系统要弄出数量那么庞大的、事先就已存在的抗体，以识别各种各样的"非我"分子呢？大部分抗体可能永远都用不着啊！既浪费，又达不到预期目标。伯内特觉得这个简直就是不言而喻。简而言之，就是我们身体中的细胞遵循了达尔文理论中的自然选择原理。伯内特把人体视为一个生态系统，一个充满活力的地方，细胞相互作用，要么增殖，要么死亡。从这个方面来看，他认为免疫系统中，最适合打击某种细菌的细胞会被激活，会增殖，在整个分泌抗体的细胞群中，会占有更大的份额。

1957年，在澳大利亚墨尔本霍尔研究所工作的26岁的奥地利籍医生古斯塔夫·诺萨尔（Gustav Nossal）自信满满

地对时年 58 岁的伯内特说，他随随便便就能找到例子来证明
伯内特那个"疯狂的理论"——所谓的克隆选择——是错误的。
他说一个细胞实际上是可以制造出不同形状的抗体。诺萨尔
带着妻子和刚出生的孩子在不久前才来到墨尔本读博，之前
在悉尼学医。让诺萨尔吃惊的是，听到他的反对意见，伯内
特既激动又兴致勃勃，就这样，开启了两个人的长期合作。
在多年的合作中，诺萨尔学到了跟伯内特的共处之道：永远
不要贸然反对伯内特；永远要巧妙地表明自己认同伯内特的
首要地位。

1957 年，伯内特不仅仅鼓励诺萨尔继续发展自己的理论，
还给他找了个人帮他做实验，这个人是美国科学家乔西·莱
德伯格 (Josh Lederberg)。莱德伯格是一位东正教拉比的儿子，
32 岁，比诺萨尔仅年长 6 岁，但是当时已经因为他在细菌基
因领域的开拓性研究而蜚声海内外，很快，在 1958 年，他就
因此获得诺贝尔奖。莱德伯格在 1957 年到霍尔研究所，利用
3 个月的公休假和伯内特一起工作，伯内特建议他帮助诺萨
尔。莱德伯格对诺萨尔的想法也很感兴趣，就教他如何使用
显微操纵器——一种让人可以在显微镜下操纵物体的工具。
而这台显微操纵器，正是分离液体中单个分泌抗体的细胞的
关键，这个步骤，对诺萨尔的实验至关重要。

最终，真正的突破出现在 1957 年年末，那时候莱德伯格已经返回美国。诺萨尔给小鼠注射两种不同的菌株，然后从受感染的小鼠身上提取体液，分离其中分泌抗体的细胞，加入细菌，观察其变化。他的目的在于检测单个细胞是否能阻止一种或两种细菌的移动。结果他发现，很多的单个细胞能够阻止一种细菌的移动，但是不能同时阻止两种细菌的移动。

这是个巨大的进步，表明单个细胞只能够中和一种细菌，所以单个细胞肯定也只能制造出一种形状的抗体。这是首个帮助克隆选择理论得到认可的实验。克隆选择理论认为，如果单个细胞能制造出适当形状的抗体以中和有问题的细菌，它就会被激活并增殖。

之后，诺萨尔和这位沉默寡言而又与人疏离的伯内特成了朋友，他和研究所的其他人一样，与伯内特的友谊建立在尊重对方的聪明才智之上。伯内特还提名年纪轻轻就老成持重的诺萨尔接他的班，领导霍尔研究所。诺萨尔于 1965 年成为霍尔研究所所长，时年 35 岁。诺萨尔性格外向、勇于开创、能言善辩，在领导岗位干得十分出色。伯内特在 1965 年离职时，研究所的年收入是 35 万澳元，而到 1992 年，诺萨尔把年收入增加到了 2500 万澳元。

伯内特从霍尔研究所的所长岗位退休后，对一些引起广泛关注的问题谈得比较多，如老龄化、医药的局限性、优生优育以及人性的未来，等等。他写了一些书，并不是科普方面的，而是开始回答哲学方面的问题。让许多人吃惊的是，之前他很害怕在公众面前演讲，即使只是接受采访，也会引发他的偏头痛，但是退休之后，他成为澳大利亚主要的科学发言人。

1969 年，伯内特退休几年后，他的妻子琳达经诊断患有淋巴性白血病，之后，他不再到国外做讲座。琳达在 1973 年 11 月病故，这击垮了伯内特的精神，令他又回复到离群索居的状况，再一次从搜集甲壳虫中寻找安宁，而且每周日晚上，都会秘密地写信给琳达。1976 年，他再次结婚，随后，恢复了同外界的接触，增加了公共事务。

伯内特于 1985 年 8 月 31 日死于癌症。伯内特知道虽然他将死去，但是他的发现仍将具有活力。作为一个坚定的无神论者，他无暇考虑死后会如何。塔尔马说伯内特"在半个世纪中一直是免疫学和医学领域的重要人物"，莱斯利·布伦特称他为"免疫学领域最深刻的思想家"。现在，对于伯内特，人们仍记得他对梅达沃的获得性耐受实验的理论解释，仍记得他因此而获得诺贝尔奖，但是他的克隆选择理论，给人们留下的印象要更深。不过在当时，伯内特的理论到底有什么作用，该如何理解，还需进一步梳理和完善。例如，他还没有弄清楚每个细胞到底是如何制造出不同形状的抗体的。

当伯内特正在勾画他的理论时，克里克、华森和其他人已经解决了另一个问题，即单个基因会编码指令，以制造出单个蛋白质。诺萨尔的实验表明，一个细胞只制造一个特定形状的抗体，这支持了伯内特的理论，但是同时引发了另一个问题：细胞是怎么做到的？也就是说，细胞到底是如何制造出不同形状的抗体的？免疫系统中不同形状的抗体多达100亿~1000亿，比我们所知道的基因数（25000）要多得多。既然一个基因不可能编码每一种抗体形状，那一个细胞又如何能制造出与其他细胞形状不同的抗体呢？

这个问题虽然未解，但是伯内特仍然认为他的基本通则完全没有问题，就是具体细节方面，仍是未知。最终，这个问题由一个日裔科学家利根川进（Susumu Tonegawa）在20世纪70年代中期解决，他也因此在1987年获得诺贝尔奖。要细说这个发现，需要一本书的篇幅，但是若简而言之，就是利根川进在前人成就的基础上，发表了自己的理论，认为抗体基因以片段的形式、按照无数的方式结合在一起。一般来说，我们的基因不会以这种方式发生改变，但是当每个分泌抗体的细胞在骨髓中发育的时候，它们会重新调整这些基因碎片，这样，每个细胞就能制造出一种抗体，这一抗体和其他细胞制造的抗体略有不同。

但是，伯内特对于免疫系统的理解还有第二个大问题。使伯内特获得诺贝尔奖的是获得性耐受理论，梅达沃的实验证明了该理论的正确性。获得性耐受理论认为，免疫系统通过学习，不会攻击自体细胞和组织。再一次，伯内特在还不明白这一过程具体是如何发生的时候，他的理论就已正中靶心。

1961 年，雅克·米勒（Jacques Miller）在伦敦的切斯特·比蒂研究所攻读博士学位时弄明白了获得性耐受到底是如何发挥作用的。米勒和几位其他的科学家发现了胸腺的重要性。胸腺位于心脏上方，以前并没有人觉得它有什么意义。胸腺里有许多死亡的免疫细胞，人们认为那里只不过是免疫细胞的坟墓。米勒突然想到，胸腺也许比人们想的要重要得多。

米勒最初开始研究的是一种引发白血病的病毒，他发现小鼠如果在幼年期胸腺就移除了的话，会无法抵抗任何感染。他立刻抓住了重点。之后，他做了和梅达沃的实验类似的皮肤移植手术，发现移除了胸腺的小鼠不会对外来皮肤产生排斥。于是米勒断言，胸腺并非毫无用处，它对小鼠免疫系统的确定至关重要，如果没有胸腺，小鼠就无法对抗感染，也不会排斥异体皮肤移植。

但是并不是每个人都认同他的理论，梅达沃就不同意。在看了米勒的论文后，梅达沃写道："我们应该把胸腺中存在淋巴细胞（也就是免疫细胞）视为一种进化中出现的无关紧要的事故。"梅达沃和当时许多知名科学家的想法很简单：一个装有大量死亡细胞的器官，怎么可能对免疫系统的产生起到什么重要的作用呢？

伯内特是一个例外，他很快看到了米勒的研究结果的重要性。米勒发表论文后不久，1962 年 6 月，伯内特在伦敦做演讲时，提出胸腺中之所以有那么多的死亡细胞，是因为它们都是免疫细胞，都能被"自我"分子激活，所以被故意杀死了。伯内特提出，就因为这样，胸腺在免疫系统区分"自我"和"非我"方面至关重要：只有对"自我"的细胞和组织不发生排斥反应的细胞，才能活着离开胸腺，而在胸腺外由免疫细胞识别出来的任何东西，都是身体中以前从未出现过的。

　　把所有的发现综合起来，就能理解伯内特的理论：首先，免疫细胞清理基因片段，以确定每个免疫细胞要应对的对象，其结果是，每个免疫细胞对某种特定形状的分子（也就是某种细菌）产生反应。但是免疫细胞在身体内部巡逻之前，胸腺要确保它不会对自身细胞和组织产生反应。任何对"自我"产生反应的，在胸腺中就被干掉了，其他的，则被派出去保护身体。这样，离开胸腺并且在身体内逡巡的免疫细胞，一旦看到某种细菌，就被激活，增殖，从而构建起身体的防御体系。

　　事实上，人类和许多种类的动物都有两套不同的免疫细胞，它们都是以这种特别的方式重新安排基因的。阿拉巴马大学的麦克斯·库帕（Max Cooper）在实验中发现，如果切除鸟类的不同器官，其体内的免疫细胞的缺失也不一样。这些不同种类的免疫细胞分别为 B 细胞和 T 细胞。B 细胞是分泌抗体的细胞，因其是在骨髓（bone marrow）中生长而如此命名，T 细胞则因其在胸腺（thymus）中生长而得名。

　　总而言之，伯内特、梅达沃和他们的同期科学家所做的研究，产生了科学史上的一次大革命。这场革命延续八十多年方得成功，始于巴斯德和科赫最初确定细菌的存在；在20世纪50年代和60年代早期，也就是革命的最后阶段，得到迅猛发展。这场革命后，人体是如何抵抗疾病的基本原理已经确定，这场风云际会，经由三块大陆（欧洲、美洲和澳洲）的科学家携手同力，大量的实验和各种思想激烈碰撞、相互印证。现在，获得性耐受和克隆选择理论仍然是免疫系统的核心理论，它们描述了人类体内瑰丽璀璨的一个世界，肉眼看不见，却同人体的血液循环一样，是保持人体健康的基本要素。

虽然伯内特和梅达沃在这场科学革命中肩并肩密切合作，两人会面的次数却屈指可数，这个有点出乎意料。当年的跨国旅行相对来说并不那么容易，而伯内特直到50岁才第一次出国参加学术会议。他们的交往大部分是通过正式的科学论文发表进行的，而即使是这样，他们的思想沟通也不成系统。伯内特发表一篇论文阐述他的观点，而梅达沃紧接着做实验验证，这是理想化的、所谓假想–推演的科学方法（梅达沃本人对这种观点并不苟同），这种想象十分诱人，但是事实并非如此。两人或多人若能达成一致意见，其方式和过程一般都十分复杂，改变既定模式的科学发展也不例外。可见，获取新知识、新理论从来都不是一条直线，说不定崎岖的小路会给你意想不到的结果。

　　这场免疫革命的起点，是许多研究免疫系统的人采用不同的方式开展自己的研究，每个人的动机和观念都不尽相同，但他们的成果及贡献最终糅合成型，成就了免疫学的根基。而免疫系统的基本原理，早就已经为人所知，过了很久，科学家才弄明白支持基本原理的分子细节。论点早已确定，论据却姗姗来迟。正如我们所看到的，伯内特和杰恩先确定了基本通则，虽然当时对于免疫系统中的细胞和分子知之甚少，但是他们的理论经检验是正确的。类似的是，梅达沃的实验只停留在生理学层面，而不是要去探索免疫系统的工作原理，这跟现在绝大多数生物研究的方式大相径庭。

　　现在，我们利用工具能够调控细胞中的基因和蛋白质的表达，因此，研究人员经常会先确认细胞行为的基因需求或分子需求，之后再建立基本通则。例如，2001 年获得诺贝尔奖的利兰·哈特韦尔（Leland Hartwell）、蒂姆·亨特（Tim Hunt）和保罗·纳斯（Paul Nurse）就是采取这种途径，他们先确认控制细胞分裂的分子和蛋白质的身份，再来搞清楚细胞分裂的方式，接下来，弄明白细胞在一分为二时需通过的各个阶段和检查点，也就是所说的细胞周期，以及如果细胞周期各个事件紊乱失序的话，会有什么后果（会导致肿瘤生成）。

而在伯内特和梅达沃以及他们同时代的科学家成就斐然的时候，还没有基因和蛋白质的编辑技术，因此，他们在生物学不同领域所做出的贡献更加伟大。

死与生

　　伯内特、梅达沃，还有其他一些科学家共同奠定了免疫学中识别"自我"和"非我"的理论，这一理论简而言之就是对"自我"发生反应的免疫细胞在生命早期就已被清除。那么，这一看法有什么实际意义吗？有。这两人的论文，尤其是梅达沃的论文，一经发表，造成的最直接的影响，就是改变了人们对于移植手术常常失败的原因的理解。也就是说，他们的论文显示，移植手术的成功，靠的不仅仅是外科医生的手术能力。之前，大部分外科医生都认为，只要他们在做移植手术时技术足够高超，手术就能成功。梅达沃的研究成果显示，这一看法是错误的，如果从基因不同的人身上取皮进行移植，需克服相容性基因这一最大的障碍，因为人体的免疫系统会把移植过来的细胞或组织标记为"非我"而产生排斥。他们的研究成果，让相关研究步入正确的轨道，最终使移植手术成为救命的医疗手段。

不过，在 20 世纪 50 年代，梅达沃常常否认他的研究在临床上有任何直接的实际用途，他认为他的研究并没有在人体移植手术方面给出答案。他虽然能克服移植过程中的自然障碍，但是仅仅对幼兽有效，所以对于他的基础研究在医学上的重要性，他持谨慎态度。梅达沃大概不同意詹姆斯·沃森那极富个人特性的名言：要想成功，你得先会吹牛。

直到 20 世纪 60 年代，梅达沃才逐渐看好人体器官移植的前景。现在，我们能使用基因匹配技术和免疫抑制药物，在临床上用移植手术救命已经成为现实，而基因匹配技术和免疫抑制药物的发展，都直接建立在梅达沃的理论基础上。人体移植手术的成功，改变了我们对生和死的看法。

事实上，死亡到底是什么，本来就有点模糊不清。以前，要确定人是不是还活着，会测一下脉搏，或者听一听看一看是否还有呼吸、心跳。现在则要复杂得多：呼吸机、起搏器和药物，能让濒死的人维持呼吸和血液循环。

1968 年，在哈佛医学院聚集了一个特设委员会，他们要给"死亡"制定一个明确的标准。委员会有一个全明星阵容：主席是亨利·比彻（Henry Beecher），来自哈佛医学院，以举报"无病人允许就做人体试验"的事例而声名大噪，他也是首位把安慰剂效应用于临床试验分析的科学家；约瑟夫·默里（Joseph Murray），神经外科专家、法律专家、精神病学专家兼神学专家，他也是利用活体器官做肾脏移植的第一人，那是在 1954 年 12 月。该委员会任务紧迫，必须尽快定义"死亡"这一概念，因为就在几个月前，1967 年 12 月，在南非的开普敦，一位 45 岁的外科医生克里斯蒂安·巴纳德（Christiaan Barnard）完成了首例心脏移植手术，这把公众的注意力都吸引到"死亡到底是什么"上来。这个心脏移植手术算是成功的，虽然 55 岁的病人路易斯·沃什坎斯基 18 天后死于肺炎。

在这个世界上首例心脏移植手术中，病人沃什坎斯基是一个不那么为人所知的英雄。他是一位食品杂货店的老板，除有心脏病外，还有糖尿病、肝衰竭和肾衰竭，这样一个病人接受心脏移植，而这种移植手术还在探索阶段，还存在许多未知，所以，病人死亡的风险是极其巨大的。沃什坎斯基之所以能成为英雄，不是，或者说不仅仅是，因为他毫不犹豫地接受这种从未有过成功案例的手术，毕竟，到了这个阶段，什么治疗方法都值得一试；而且，他确实很能熬，熬得够久，熬到了一次获得新生的机会。

除了巴纳德和沃什坎斯基外，这个世界首例中还有一位英雄，爱德华·达瓦尔，他允许医生将他女儿的心脏用于这次实验中。沃什坎斯基等合适的心脏等了3个星期，直到救护车将丹尼斯·达瓦尔送进医院。丹尼斯·达瓦尔25岁，她下车去买蛋糕时，被一辆醉驾的车子撞倒，她母亲同时被撞，当场死亡。丹尼斯被送到医院时，一条腿断了，盆骨和脑骨受创严重，脑部也受到严重的伤害，但是心脏完好。她父亲悲痛欲绝，这时，医生问他能不能捐赠女儿的心脏，移植给沃什坎斯基。他花了4分钟的时间思考衡量，想起女儿是如何的宽容大方，觉得如果女儿有灵，她应该会同意。

在得到爱德华·达瓦尔的同意后，巴纳德把这位年轻女孩的心脏移植到了年长的沃什坎斯基的胸中。这期间，巴纳德感受到了从未有过的疑虑和压力。术前冲洗时他向上帝祈祷："万能的主啊，今晚请引导我的双手。"有件事能让我们了解到巴纳德和他的团队当时的心理状态：医生已经宣告丹尼斯死亡，医疗团队最好在心脏尚在跳动时取心进行移植手术，这样能减少手术失败的风险，手术效果才会最佳；但是，团队并没有这样做，他们一直等到心脏完全停止跳动时才动手。他们不敢在心脏仍在跳动时把心脏取出，那样，几乎等同于扮演上帝的角色。

1967 年 12 月 3 日凌晨 1:13，在做了四个半小时的手术后，丹尼斯的心脏在沃什坎斯基的胸腔中开始跳动。巴纳德后来写道："从出生到现在，我一生都在致力于在某一天，在手术室，看到一颗蓝色的心脏在病人的胸腔中变得红润，看到一个人得到重生。在那一刻，两个人的生命融合在一起。"巴纳德的雄心壮志得到了回报，他在移植手术方面的成功永世留名。

肾脏移植手术在多年前就已获得成功，但是心脏移植更加能攫取大众的关注，因为心脏，是人体内最具有代表意义的器官。毕竟，没人会写关于肾脏的诗词歌赋。

这例心脏移植手术完成后不久，巴纳德就成了名人。"星期六，我还只是一个名不见经传的南非的外科医生，到星期一，我就举世闻名了。"两年后，巴纳德离婚，开始同一些迷人的名媛交往，又结了两次婚，第三次是在他六十多岁的时候，娶了一位 18 岁的模特。他开始在一系列问题上发表自己的看法，如抗议南非的种族隔离政策，以及如果巴黎的急诊服务表现更好的话，黛安娜王妃在 1997 年遭遇的车祸中可能会幸存下来，等等。

当时，全球的外科医生都在争做心脏移植手术第一人，没人想到巴纳德居然拔得头筹。巴纳德手术的同一周，一家布鲁克林的医院给一位出生 19 天的婴儿做了心脏移植手术，惜败。同时在伦敦，一位医生劝说国立心脏病医院做心脏移植手术，但是据这位医生说，医院把手术延期，因为其中涉及的伦理和法律问题太过复杂，最终病人在等待中死亡。所以，也许是不可避免的，第一例成功的心脏手术会在一个繁文缛节较少的国家完成，因为伦理和法律方面的问题确实不好对付。

做心脏移植，所需的心脏必须是新鲜的。但是从人的胸腔中取出一颗正在跳动着的心脏，难道不就等同于杀人吗？要想回答这个问题，就得确定"脑死亡"和"不可逆昏迷"这两个概念。1968 年在哈佛的委员会经过讨论和研究，最终确定了什么是"脑死亡"和"不可逆昏迷"，并且用这两个术语来解决巴纳德的成功带来的这一问题。

从 1968 年的 1 月到 8 月，委员会用了七八个月的时间仔细讨论，经过深思熟虑，最终确定了四条标准来定义这种人类存在的状态。病人的身体必须表现出：①对疼痛无反应；②无自发运动；③无反射；④无脑电活动。这些情况必须在无神经系统镇静剂的作用下持续至少 24 小时，才可宣布是脑死亡。之所以提出这些标准，是因为我们知道，人体的组织和细胞不会同时死去。所以神经系统已死的情况下，即人整体无论如何也不能真正运行的情况下，身体其他的器官也许还"活着"，能运行更长一段时间。这一点在医疗行业已经达成共识，尽管是非正式的，所以哈佛委员会的报告，最大的意义也许是把"脑死亡"这个概念推到公众和学术审查的面前。

立刻，哲学界、伦理学界、法学界和宗教方面的意见如火山喷发一样，汹涌而出。巴纳德手术成功 3 周后，美国参议员沃尔特·蒙代尔（Walter Mondale）就召开了一个小组听证会讨论移植带来的问题，他说："这些发展，对我们的社会提出了重要的、根本的伦理和法律方面的问题：谁该死去，谁该活着；生命应该延续多久，又该如何改变；谁来做决定；社会为此该做什么准备；等等。"世界知名杂志《读者文摘》和《时代周刊》也讨论了这些问题，质疑让医生单方面决定人在什么时候死亡，是否合适？家人的愿望又该摆在什么位置呢？

而另一方面，一些医疗从业者觉得这些条件太过苛刻，在20世纪70年代，有人提出，失去高阶脑功能就应该算是脑死亡了，而不是要求大脑所有电信号消失才算。这种观点认为，当大脑失去高阶脑功能后，作为人的精神特征也随之丧失，也就是说，死亡其实已经降临。由此可以看出，如何定义脑死亡，其实并非易事。更麻烦的是，已经达成脑死亡标准的病人，看上去并不像是真的已经死亡。他们也许仍在呼吸，即使是在呼吸机的辅助下才能做到呼吸，但那也仍然是在呼吸。任何一个参与做出最终决定、判断病人已经脑死亡的人，也都是在经历磨难。

脑死亡的概念到底是否正确合理，对这样的问题做出判断，人们往往会寄希望于宗教来给予指导。例如，在器官移植时代到来时，"脑死亡"概念受到了正统派犹太教的一些派系的强烈反对，他们坚持认为，不可逆转的心肺功能终止，才应该是衡量死亡的唯一标准。犹太教还有一些派系，如保守派犹太教和改革派犹太教，相比较而言，在这方面没有那么决绝。而说到天主教会，教皇保罗12世在1957年就已经明确指出，对死亡做出一个明晰准确的定义，这个责任在医生身上。伊斯兰教中，古兰经并未对死亡做出明确的定义，但是在一些伊斯兰国家，如土耳其，现在已经有明确的法律条文确认脑死亡的定义是合法的。印度教、新教以及世界上其他的宗教，到目前为止，没有正式抵制过脑死亡这种概念。

不过，随着医疗发展，事情会不可避免的越来越复杂，争论也将越来越激烈，共识也就越来越难以达成。例如，目前大脑是无法移植的，但是将来呢？万一将来哪一天，移植大脑成为可能了呢？这种想法听起来挺邪恶，但是在 20 世纪 60 年代末，还有很多人认为心脏移植是邪恶的呢。我们以前一直认为心脏是人体的情感和灵魂的核心，后来才改变看法，认为高阶脑功能拥有的才是定义我们身份的要素。我们现在所有的对脑死亡的定义，其实只不过是在当前的技术能力范围内，给医生们的一个实用的共识，而不是一个毫无瑕疵、包罗万象、永远适用的哲学定义。

现在，被宣布已脑死亡的人，其心脏、肺、肝、肾、脾、肠以及其他组织，如眼角膜、皮肤和骨头等都可以移植到其他病人身上。一个捐赠者可以拯救或改变 9 个人的生命。然而每天，在英国有 3 人、在美国有 77 人在等待合适的捐赠者的过程中死去。造成这种情况的原因，正如梅达沃在20世纪50年代让我们意识到的那样，在于免疫反应对来自其他人体的组织和细胞产生排斥反应。如果捐赠者和接受者能匹配得上，这个障碍就能克服。但是，到底要匹配什么？不同人身上的组织和细胞之间的差异到底是什么？什么是免疫系统特别针对的对象？

我们最早知道的导致免疫反应的人体差异是血型，过了很久，才知道基因和相容性基因。血液是由不同类型细胞组成的液体悬浮物，本身既精妙又复杂。红细胞运输氧，白细胞抵抗疾病，还有其他小的蛋白分子，其中包括导致凝血的分子。输血的时候，相容性的主要问题是不同的人其红细胞表面有不同的糖分子。我们熟知的血型的名字，A型、B型、AB型和O型，意思其实是有些人有A糖，有些人有B糖，有些人两者都有（AB型），还有些人两者都没有（O型）。

1901年，32岁的奥地利科学家卡尔·兰德施泰纳（Karl Landsteiner）发现了血型。之前，兰德施泰纳的科学生涯一直不怎么顺遂。他10年前就已经在维也纳大学拿到医学博士学位，在慕尼黑待了一段时间后，又在1897年回到维也纳，但是当时他只能找到志愿者的活儿，1898年他申请到迪里雅斯特（意大利东北部港市）的一家医疗机构任职，结果被拒，再然后才终于在维也纳大学的病理解剖学研究所谋到了一个带薪职位，他的职位是研究所所长助理，但是实际上，他有自己的理想。直到他发现血型后，才成为该大学医学院的正式员工。

兰德施泰纳曾读过有关人类血液对动物血液发生反应的实验报告，他当时就在想，不同人的血液如果混合在一起，会不会也发生反应呢？他推测，既然不同物种的动物血液不同，那么不同的人的血液也许也不相同。1901 年，他开始用一个非常简单、但同时又极为高超缜密的方法做了个实验。他从 6 位刚生产的女性那里取了血（之所以这样，大约是因为这些血样比较容易取得），把血液分离成血清（血液的液体部分，无细胞或凝血因子）和红细胞。然后，他采取排列组合的方式，把一个人的红细胞和另一个人的血清混合在一起，再绘制表格，把所有发生或未发生反应的结果都记录下来。是否发生反应，主要看红细胞是否聚集在一起。

他无法解释是什么导致细胞聚集（我们现在知道那是因为免疫反应），但是他在发生反应的细胞和血清中寻找模式。他发现，同一人的细胞和血清混在一起不会发生反应，但是不同的人的血清和细胞混合在一起时，有时会发生反应。当时的主流观点是，输血发生的问题是由某人的疾病史引发的；这种细胞聚集的反应，也许是因为血清的主人有病，所以会让别人的红细胞聚集起来。然而兰德施泰纳另有想法。他想，如果这个结果并不表明血清的主人有病，而是表明不同的人的血液天然就不相容呢？

接着，他又从研究实验室的工作人员中找了 6 个人，取了血样（其中一个就是他自己）做同样的实验。这次实验一个非常重要的点是，这些人看起来都很健康，所以如果这一次仍有反应的话，就不大可能是因疾病而起。再一次，他发现在有些情况下，细胞和血清会起反应。这一次他有信心了，觉得自己的直觉是对的，也就是说，不同的人的血液，天生就不一样。但是这些反应有没有一个模式？他发现，如果他假设人有 3 种不同的血型的话，就能够合理解释起反应的模式，于是他给 3 种血型起名为 A、B 和 C（C 也就是我们现在所说的 O 型血，即既没有 A 糖也没有 B 糖的血型）。

开始的时候，兰德施泰纳本人都没有意识到这个发现到底有多重要。1901 年，兰德施泰纳在德国发表了论文《普通人群血液的凝聚反应》，介绍了这些实验，论文结尾处他写道：

"我希望这些实验能有点用。"说到自己的成就，兰德施泰纳总是十分谦虚。即使到了 1930 年，他因这些实验获得诺贝尔奖后，罕有地接受了奥地利日报《维也纳日报》的公开专访，在采访中，他仍说他的关于血型的发现肯定不会引起外行的兴趣。当然，事实是，他的发现至关重要，为成功输血铺平了道路，而且从根本上，这些实验首次向我们揭示了个体差异的分子标记。

梅达沃称兰德施泰纳的工作是现代临床生物学最伟大的成就之一，但是直到过了很多年，兰德施泰纳的发现才广为人知，因为他既不主动寻找机会来宣传他所做的工作，也不费心把论文写得通俗易懂——他在写作中唯一热衷的就是讲述事实。直到第一次世界大战初期，医生不得不跟病人解释为什么有时候输血会不管用的时候，兰德施泰纳的名气才渐渐大了起来。即使在那时，即使他的发现在实践中的重要性已经非常明确，他仍受到质疑。兰德施泰纳在 1921 年 2 月 12 日给学生的信中指出，他在美国受到一些科学家的批评，因为他最早发表在 1901 年的论文中说血型有 3 种，而事实上有 4 种。实际上，兰德施泰纳的学生花了一年的时间才发现了第四种血型，AB 型。这种血型的人比其他 3 种要少得多。

你为什么与众不同
——相容性基因

　　科学就是兰德施泰纳的一切，他夜以继日地做着这些实验，和母亲一起离群索居。兰德施泰纳 7 岁时父亲就已去世，他和他母亲的关系非常亲密，一直和母亲住在一起，直到她在 1908 年 4 月去世，那年他 49 岁，也就是这一年他才结婚。在他的余生中，他卧室的墙上一直镶嵌着他母亲的石膏头像。在实验室，对有些人来说，他是一个好导师，但是也有些人跟他关系不佳，常常抱怨他提供的工作条件。兰德施泰纳发现要想保持长久的友谊十分困难。

　　1930 年，兰德施泰纳去斯德哥尔摩领取他的诺贝尔奖，奇怪的是，他并未带妻子和儿子同行。事实上，当他听说他得奖后，都没有把这个消息告知自己的妻儿，他们还是在当晚一个朋友登门拜访时才得知此事。同样奇怪的是，1930 年诺贝尔奖获得者一起合影的时候，每个人都正对前方，除了兰德施泰纳，他把椅子转了个方向，故意看向旁边，跟周围的人的朝向不一样。兰德施泰纳可以说是一个相当古怪的人了。

　　在 20 世纪初，与兰德施泰纳发现血型同时期，另一位已经故去多年的奥地利科学家的发现，突然引起了很大的关注。他就是奥地利天主教神职人员格雷戈尔·孟德尔（Gregor

Mendel）。孟德尔死于 1884 年，时年 61 岁，一生所从事的工作在当时并不为人所知。孟德尔于 1865 年写成的那篇具有开拓性意义的论文，长达 44 页，名为《植物杂交实验》（*Experiments on plant hybrids*），发表在当地的布伦生物协会的期刊上。1900 年 5 月 8 日，英国动物学家威廉·贝特森（William Bateson）乘火车从剑桥赶往伦敦，随身带着这本 35 年前出版的期刊，上面刊登着孟德尔的论文。

孟德尔所在的修道院有一个温室，他在温室里种植豌豆。他使豌豆异花传粉，以弄清楚豌豆的颜色和形状是如何一代代相传的。他发现，带褶皱的豌豆植物和光滑的豌豆植物异花传粉后，所得豌豆并不会把各自的特征相互融合，从而产生只有一点点褶皱的豌豆。实际上，这样产出的下一代的豌豆要么是带褶皱的，要么是光滑的，同上一代的雌株或雄株一样。这一植物学发现极具重要性，因为它表明，生物特性是以离散单位的方式遗传的。所谓离散单位，也就是我们说的基因。

1900 年，有荷兰和德国的科学家引用了孟德尔的论文，而当贝特森在火车上打开期刊看到孟德尔的文章时，其内容瞬间攫取了贝特森的注意力。据贝特森的妻子碧翠丝回忆，贝特森立刻意识到孟德尔的发现意义巨大，自此以后他成为这一发现的忠实拥护者。1905 年，他创造了"基因学"一词，由此开创了一门新的学科。

在贝特森和其他科学家重启孟德尔的发现之前，兰德施泰纳和同时代的很多人一样，对此并不了解。所以兰德施泰纳最初并没有想到血型也许是遗传的，但是之后，也许是贝特森的那趟火车旅行的一两年后，他想到了这点，立刻意识到血型可能可以用来做亲子鉴定。实际上，遗传指纹识别最初的用途就是这个。我们知道，人的血型是由一个基因决定的，这个基因会在红细胞的表面添加糖分子。这个基因有三种形式，A、B 和 O。所以如果你从你母亲处继承了 A 种基因，从父亲处继承了 B 种基因，你的红细胞中就会有 A 糖和 B 糖，那么你的血型就是 AB 型；如果继承了两个 A 基因，那么你的血型就是 A 型；以此类推。

胎儿的免疫系统学会耐受自己的血型糖，这个就是伯内特和梅达沃的获得性耐受理论的实践版。血清含有抗体，能攻击体内没有的糖型。如 A 型血的人不能接受 B 型血的捐赠血液，因为病人体内会产生强烈的免疫反应，使病人发热、休克、肾衰竭，甚至可能会死亡。

作为一位真正伟大的科学家，兰德施泰纳深具远见卓识，在当时，他就甚至已经试图把血型相容性的发现同皮肤移植联系起来，可惜最终没来得及，不得不把这些留待伯内特和梅达沃完成。1943 年 6 月 24 日，兰德施泰纳在实验室工作时突发心脏病，不情不愿地去了医院，两天后，宣告不治而亡。每一位科学家都是这么带着遗憾、带着未解答的难题离开人世的。

血型基因仅有 3 种，这些基因造成的人体差异，同纷繁复杂、变体无数的控制皮肤移植成功与否的相容性基因相比，实在是太过简单。但是回想起来，这些基因又造成了人与人之间最大的差别。人类有 3 种相容性基因，为你身体中几乎所有的细胞中的蛋白质进行编码（这 3 种基因正式的称呼是一类相容性基因），名为 A、B、C。你从你父母那儿各遗传一套，这样，我们就有了 6 种不同的一类基因：2 个 A、2 个 B、2 个 C。从理论上说，一个人可能从父母那儿继承几个相同的基因，但实际上可能性却极小，因为根据现有的发现，我们知道基因 A 中有 1243 个变体，基因 B 中有 1737 个变体，基因 C 上有 884 个变体。所以，我们每个人能够继承的基因，排列组合起来，版本多得令人难以置信。

在兰德施泰纳的实验中，将血清和红细胞混合在一起，相容性基因并不重要，因为人类的红细胞寿命不长，功能相对单一，只要把氧输送到全身就可以了，因此跟大多数人体细胞不同，红细胞中并没有相容性基因编码的蛋白质。但是在器官移植方面，如果要保证移植手术成功，而且是长期都保持成功的状态，相容性基因相匹配，是非常重要的因素。

大多数的器官移植手术，医院会评估器官的接受者和可能的捐赠者之间的 2 个一类相容性基因（也就是 A 和 B）和 1 个二类相容性基因 DR。如果没有完全匹配的，就会直接检查接受者对捐赠者的细胞是否有急性免疫反应。接受骨髓移植手术的，还要检查另外 2 个相容性基因（C 和 DQ）是否匹配。如果接受肾脏移植的病人和捐赠者之间基因都不匹配的话，移植器官的半衰期大约为 7 年，但如果最重要的 6 个基因都匹配的话，半衰期时间会延长到 12~20 年。这个时间增长当然极其了不起，但是也会导致两难的结果。

相容性基因按照先后顺序进行匹配能改进移植的效果，同时也会导致接受器官移植的人群出现种族失衡。这是因为相容性基因的一些变体在某些族群中更普遍。事实上，在美国所做的移植和移植后存活率的分析表明，如果我们不去做基因 B 的相容性基因匹配检测的话，移植失败率会稍有增加，但是在种族上，非白种人找到合适匹配的人数也会增加。移植优先权，可能造成人与人之间的对立。

我们是如何发现人类相容性基因的这些变体的呢？其方法和兰德施泰纳通过研究血清学来发现血型的方法类似，也就是说，测试某人的血清对其他人的细胞的反应。在 20 世纪 50 年代末，3 个研究团队开辟了人类生物学的这一新领域。

首先，在巴黎工作的 42 岁的让·多赛（Jean Dausset）报告说，之前接受过几次输血的人，其血清对其他人的血液中的白细胞起反应，使其凝结成块，这与兰德施泰纳在研究红细胞的反应时所观察到的非常相似，不同之处在于，多赛发现的是血清对白细胞产生反应。输血触发了病人针对捐赠者的白细胞的免疫反应，使病人的免疫系统随时准备应对带有同样的"非我"蛋白质的细胞。这样的反应如果发生在输血之后，会非常危险，甚至可能致命，因为免疫系统会变得异常活跃，攻击输入的鲜血。

在 1958 年，多赛并不知道是什么导致这样的反应，他所知的，唯有某人的血清会令另一人的白细胞发生反应，他称之为 MAC，因为实验中三位关键的志愿者的名字的首字母分别为 M、A 和 C，所以他这么命名，以向这三位志愿者致敬。他说"这一次探险真正值得纪念并极为鼓舞人心的方面"，就是许多志愿者为了人类健康做出了贡献。

与多赛同样在该领域做出贡献的，还有在加州斯坦福工作的年近五十岁的罗斯·佩恩（Rose Payne），以及在荷兰莱顿工作的三十多岁的乔恩·范·鲁德（Jon Van Rood）。他们各自独立地做了实验，就相容性基因变体发表了他们的研究成果。他们发现，多子女母亲的血清会使其他人的白细胞凝聚，这也是免疫反应的现象。范·鲁德在 1962 年把他的发现记载在他的博士论文中，他说一个病人给他留下了很深的印象，这位病人是一位母亲，有 4 个孩子，她在生双胞胎时因大出血而进行了她人生中的第一次输血，但是她发生了很严重的反应，开始浑身哆嗦，最终身体衰竭。一般情况下，像这么严重的反应只会出现在数次输血之后，因为在第一次输血后，病人才会识别出"非我"蛋白质，再次输血后，免疫系统看到同样的"非我"蛋白质，才会发生严重的反应。但是这个女性还是第一次输血，为什么她的免疫反应就这么严重呢？

看到这个病例，范·鲁德开始琢磨，这样的病人是不是已经通过别的方式敏化了免疫反应？斯坦福的佩恩也有同样的疑问。范·鲁德仔细研究这位病人的病史，怀疑她可能是因为前面已经有 6 次怀孕，所以她的免疫系统对"非我"蛋白质过敏，而"非我"蛋白质的来源是孩子的父亲。范·鲁德的想法很快得到印证，实验证明，从已生育过多次的女性提取的血液，确实常常对其他人的白细胞发生反应（使细胞凝聚在一起）。这表明，母亲会接触到孩子的血液或细胞，很可能是在生育的时候，因为那时会出现很多组织损伤，也因此，会对父亲的蛋白质过敏。

让·多赛、佩恩和范·鲁德三位都是独立工作的研究人员，但是他们报道的研究结果极为相似，都提出了一个全新的关于人体差异的理论。除了肉眼可见的肤色、发色或眼睛的颜色，这种差异深埋在我们的身体里面，只有当不同人的血液混合在一起时，这种差异才显现出来。

而且这种新发现的人体特征比所谓肤色、发色或眼睛的颜色所表现出来的差异性，变化要多得多。人体相容性基因，也就是多赛、佩恩和范·鲁德所观察到的导致免疫反应的罪魁祸首，数量极多、范围极广，因此他们所观察到的现象和兰德施泰纳的关于血型的发现相比，极难分析。当时，多赛试图在数据中找出模式，他的实验室所能做的，只能是用加、减和反应的严重程度，把实验结果转换、标注在题板上，进度相当缓慢。

任何实验最令人烦恼的，是其结果看不出有什么明显的模式，多赛也压根就看不出他的数据墙上的数据有什么逻辑。佩恩和范·鲁德的关于母亲的数据比较好分析，因为母亲的血清是对父亲的过敏；而输血病人接受的血液来自不同的捐赠者，这就使得反应更为复杂。多赛意识到了这点，把实验条件设定为输血来自同一个捐赠者，这样后续的分析会简单些。

佩恩也知道，改进数据分析，在揭示反应模式方面的价值无可估量。给佩恩提供帮助的是英国人沃尔特·博德默（Walter Bodmer），他父亲是一个犹太医生，一直希望自己的孩子能进入医学行业。博德默刚刚在剑桥获得博士学位，同现代统计学的开创者罗纳德·费希尔（Ronald Fisher）一起工作，1961 年夏拿到了为期一年的研究基金，到斯坦福和乔西·莱德伯格（Josh Lederberg）一起工作。这个莱德伯格就是那个早些年教导澳大利亚的诺萨尔如何使用显微镜操纵器的人，他在澳大利亚时帮助诺萨尔成功分离免疫细胞、并证明一个免疫细胞只能中和一种细菌。

1962 年 2 月 15 日，博德默参加了佩恩的一个演讲，听她谈到她在最近的研究中新发现的人类差异的现象，从那时候起，博德默就和他的妻子朱莉亚（Julia）一起对佩恩的数据进行统计学分析。自此，博德默在破译相容性基因系统方面成为领头羊。他们首次把计算机应用在医学研究上，在计算机的帮助下，早期简单的统计学测试对相关研究起到了至关重要的作用。博德默的一年期研究时限也得到延长，最终他在斯坦福待了 9 年。

即使有统计学分析，困难仍然存在，他们很快发现，光靠自己，全世界没有哪家研究所能有足够的样本和资源来应对相容性基因的复杂性。时代不同了，在梅达沃和伯内特时期，这两人基本上见不着面，光是在学术期刊上发表论文，就足够他们进行信息和思想交流；而在 20 世纪 60—70 年代，新一批的开拓者们不得不经常会面，这样他们才能直接交换并比较细胞和血清。他们召开了一系列的国际学术会议，全球研究相容性基因系统的科学家都聚集一堂。最开始时参加会议的有 14 个团队。这是一次具有突破性的国际协作，也是人类基因组计划或大型强子对撞机的全球性合作的先驱。因为有这样的合作，我们对相容性基因的了解才发生了彻底的改变。在 20 世纪 60 年代早期，对相容性基因的研究还漫无头绪、各行其道，而在不到十年的时间里，研究变得目标明确、成绩斐然，很大一部分原因就是因为有了这样的国际性会议，这样，不同的研究团队能够聚在一起互通有无。

第一次这样的国际会议于 1964 年在美国北卡罗来纳州杜克大学召开，组织者是伯纳德·阿莫斯（Bernard Amos），他也是相容性基因研究的早期开拓者之一。然而这次会议开得乌七八糟。会议中大家发现，每个实验室用的方法都不一样，结果也就大相径庭。即使是使用一模一样的细胞和血清，做出的实验结果却也不尽相同，原因就在于做实验的人不一样，方法也不一样。会议中，备受尊崇的意大利基因学家鲁杰罗·萨帕里里（Ruggero Ceppellini）认为多赛的数据毫无价值，并且手撕了多赛的数据表格，是真正的手撕，他把多赛提交的论文撕得粉碎。之前的乐观情绪逐渐消散，每个人都开始检讨自己的研究方法。

第二年，范·鲁德在荷兰的莱顿召集了第二次会议，这一次，情况有了好转。多赛命名的 MAC 实验结果和四组团队的实验结果一致，虽然命名不同：佩恩和博德默组的命名

为 LA_2，范·鲁德组的命名为 8a，但是使用的方式都是看血清中的凝聚现象。此外，还出现了免疫反应的其他模式，而这种新发现的人类差异的覆盖范围也变得更加明晰。

1967 年，世界卫生组织（WHO）成立了一个委员会来确定相关基因的官方命名系统。确定术语不仅仅是文字上的功夫，它要求大家都赞同信息的组织方式，从而理出相关的原则条例。这是把数据整理成知识的开端，如博德默所说："生物学中的术语，几乎等同于数学中的公式。"

1968 年在纽约举行的第一次会议中，有一份会议记录，其内容就是围绕着相容性基因命名的。从这份会议记录上，我们仍可以看到 13 位与会者的激情，同时也能看到当时科学家仍有许多疑惑和不确定。整个会议期间，不断有直截了当的调侃和反对。"我同意你的观点，但是我们应该先确定一下我们讨论的到底是什么。""我们又跑题了。我们没有紧扣要点。你说的跟主题有关吗？"每一件事都受到质疑，而且常常是粗暴的质疑。博德默对此评论说："问题在于……你并不知道你在应对什么。你不知道你是在讨论一个系统，还是 100 个系统，抑或是一个由一套关系紧密的数个系统控制的许多酶修改的一个基本的化学物质，抑或是啥啥啥。"

他这番评论戳中了问题的核心。

不过，在纽约的第一次会议还是开启了相容性基因的术语确定和研究角度，而且一直沿用到今天。委员会存在至今，并且仍然在给新发现的基因变体正式命名。不过早些时候，问题仍很明显。当时有两种方式来检测人类的白细胞，其中一种，检测血清对别人的白细胞的反应；另一种，不同的人的白细胞混合在一起，有时也会发生反应。两种情况下，反应都会激发细胞改变形状并增殖。问题在于，即使血清和细胞之间发生反应，白细胞混合在一起也不一定就会发生反应。为什么会这样呢？

一个可能的解释是，可能存在有不同种类的 HLA（human leukocyte antigen， 人类白细胞抗原）基因，在不同种类的测试中，显现出来的 HLA 基因有所不同。但是不管怎样，在当时，科学家们把 HLA 基因分为两类，一类和二类；通过血清和细胞反应能确定的基因称为一类基因，通过白细胞混合发生反应的，称为二类基因。最终，人们发现，在几乎所有的细胞中都能找到一类蛋白质，但是二类蛋白质只存在于某些种类的免疫细胞中，所以才会有以上所提到的两种测试结果不尽相同的现象。

现在我们知道，人类一共有 3 种一类基因，即 A、B 和 C。每人还有 3 种二类基因，即 HLA-DR，HLA-DP 和 HLA-DQ。人能继承的基因版本非常类似，但是其差异也已仔细分门别类。人类继承的每一个基因组都包括一类基因和二类基因，WHO 的委员会给每一个基因都编数标码，所以一个人可能会有基因 A*02 和 A*11，意思是这个人有 2 个 A 基因的变体。有些变体非常罕见，有些比较常见。例如，英国大约有四分之一的人有 A*02，以前这种基因变体称为人类白细胞抗原 A*02，或 HLA-A*02；在欧裔美国人中，拥有 A*02 的比例也差不多是四分之一，不过英国人中有 HLA-A*11 的，大约只有 6%。当然，A*02 在全球各人种中都是比较常见的基因，但是不同的人种中，大多数基因变体的占比还是大相径庭的，例如 A*11，在新加坡华裔中的占比，比英国人的高 5 倍。多赛发现的 MAC 是基因 A 的一种变体，现在名为 HLA-A*02，之所以它是首个检测出来的基因，就是因为它是全球比较常见的 HLA-A 的变体。

多赛的发现使他在 1980 年获诺贝尔奖。

开启这一新的研究领域的，并不是一个人，而是这一系列国际会议聚拢起来的一群人。多赛在 1990 年说："能和其他的开拓者一起在友好的氛围下合作，一起去经历这场伟大的探险中的高潮和低谷，我真是荣幸之至。"确实，这些人彼此都很熟悉。不过，这一小群开拓者在掘到金子后，也不可避免地开始彼此博弈，有些人试图强调他们是在这一领域首个取得成就的人，是开拓者中的开拓者。所以，也难怪在讨论谁具体在何年何月取得什么成就时，这一领域早期阶段的主要玩家们各自的回忆有所差异。许多人都认为范·鲁德运气非常不好，没能拿到 1980 年的诺贝尔奖。

HLA 的发现在继续，对移植的实际影响也在继续。多赛把他的行政办公室改成了手术室，专门研究皮肤移植反应。他在志愿者的前臂做小块的皮肤移植，试图找到手术结果和HLA 类型之间的关系。在 20 世纪 60 年代中期，UCLA 的保罗·寺崎一郎（Paul Ichiro Terasaki）提议进行临床试验，以检测在使用已故捐赠者的器官进行移植时，进行 HLA 匹配的重要性。寺崎一郎之前曾在伦敦和彼得·梅达沃一起工作过。范·鲁德提出了首个国际器官交换项目。在 20 世纪 70 年代早期，在 HLA 相同的兄弟姐妹之间进行肾脏移植手术，成功率明显较高。

我们现在知道，相容性基因对移植成功率的影响主要看

要移植的是什么器官。肝脏移植的话，接受者和捐赠者之间
HLA 的匹配就不如其他器官移植那么重要。虽然现在对其原
因还不完全明白，但是基本上可以归纳出两个：首先，肝脏
本身的再生能力较强，也因此自愈能力也较强；第二点就比
较有趣了，肝脏是人身体中相对来说不那么容易产生免疫反
应的器官。

　　肝脏从肠子处接收血液，而这部分血液含有饮食的产物
以及生长在肠内的细菌，所以肝脏是能时刻接触到"非我"
物质的。但是这种"非我"并无害处，所以身体不会对这些
食物和肠内细菌触发免疫反应。为什么会这样，原因尚不完
全清楚，但是现在已知，肝脏细胞会分泌出一种物质来抑制
免疫反应。当然，也正是因为在肝脏中免疫反应受限，细菌
就容易隐藏滋生，所以乙型肝炎病毒才会在全球肆虐，导致
全球每年有一百多万人死于乙肝。

　　人类还有一些器官也未受到免疫反应的影响，因为它们
太重要了，绝对不能成为战场。当免疫细胞杀死患病细胞时，
周围的健康细胞也可能被误杀，或可能被已消亡的细胞的碎
片侵扰，或被免疫细胞的分泌物伤害。简而言之，免疫反应，
无论是在何处发生，都能对该处造成毁灭性的打击。有些组

织和细胞对人体来说至关重要，所以宁可让其与细菌共存，也不能冒险，让该处有免疫反应的存在。人体的这些特殊部分太过珍贵，最好不要轻易成为免疫反应的战场，它们包括眼睛、大脑以及睾丸。

有很长一段时间，科学家们希望弄清楚在这些器官内免疫反应是如何得到控制的，这样，他们能够想出新的提高移植手术成功率的方法，但是很可惜，到目前为止仍然不明。移植手术引发了在免疫系统的探索方面革命性的突破，但是免疫学暂时还没能解决移植方面的问题。

尽管不能完全解决问题，对免疫反应的了解还是提供了某些帮助，例如匹配接受者和捐赠者的相容性基因，例如使用免疫抑制药物，而后者现在是移植后治疗的主要手段。这些免疫抑制药物发挥了很大的作用，如用于阻止免疫细胞增殖的硫唑嘌呤，使 20 世纪 60 年代的第一例肾脏移植手术得以完成；有相似效果的环孢素，用于阻止免疫细胞活化，于 1969 年首次从土壤中发现的真菌中分离，在 20 世纪 80 年代使移植手术的成功率发生了跃升。从对移植病人发生免疫反应的了解中，我们还得到另外一个好处：我们发现捐赠者和接受者都会发生免疫反应，也就是说，不仅仅是病人的免疫系统会杀死移植物，移植物中的免疫细胞也会攻击病人。例如，在骨髓移植时，移植物中含有许多捐赠者的免疫细胞。移植物中的免疫细胞一旦发起攻击，病人就会患上所谓的"移植物抗宿主病"，这样病人就需要使用免疫抑制药物了。

然而，令人吃惊的是，这样的疾病是有好处的。骨髓移植一般用以治疗白血病或骨髓瘤，但是这个手术的目的，不仅仅在于用健康的细胞替换癌细胞，同时还要提供新的来自捐赠者的免疫细胞，这样，这些外来的免疫细胞就能攻击接受者体内剩余的癌细胞。那么，这一手术要解决的关键问题在于，一方面要采取措施防止病人患上"移植物抗宿主病"，另一方面又要让移植的免疫细胞有机会攻击癌细胞。

科学家也探索了更多别出心裁的改进临床移植手术成功率的方式。为了解决器官短缺的问题，有些人想到要用动物的器官，不过他们遇到了很多的困难。首先，动物生理与人类生理的差异到底有多大、移植的组织或器官能否正常运行，这些都尚不得而知。其次，又是免疫问题，动物细胞当然肯定就是"非我"。也有人认为猪的某些组织可以用于移植手术，但是猪细胞中含有一种特殊的糖分子，这种糖分子某些细菌也有，但是人类细胞中没有。为了解决这个问题，也已对猪细胞进行修改以剔除该种糖，但是细胞中还有旁的东西仍然会引发免疫反应。到目前为止，人对于动物各部分的利用方式仍然唯有吃掉，不过还是有例外，如在心脏瓣膜的移植手术中，已常用猪的心脏瓣膜来做移植。

事后看来，虽然已经知道移植是切实可行的，已经知道基因匹配至关重要，但是实际上，在当时，发现 HLA 对大多数科学家而言，并非分水岭，这一点倒是很有趣。那些开拓者们，也就是 1964 年在杜克大学首开国际性学术会议，以及之后参与一系列会议的各个团队，如多赛、范·鲁德、佩恩等，他们在一起交流思想、交换细胞数据，把这个领域当作了自留地辛苦耕耘，直到过了很多年，其他领域的科学家才意识到他们的工作有多重要。

人类相容性基因有数量庞大的变体，这一新知识在当时并没有立刻让人们更新他们对人类本质的认知。如果对基因的功能没有全面的了解，就无法认识到基因的重要性。原因很简单，刚开始时，无人知道为什么人与人的基因会不一样。基因的存在不是想要给移植手术出难题，对此并无人有异议。但是相容性基因在人体存在，其真正的作用是什么？要回答这个问题，需要跨入生物科学的另一个时代，在那个时代，对分子和细胞更深入地了解会推动科学发展。也只有到了那个时代，另外一批科学家潜心钻研免疫系统，才最终让我们看到相容性基因的真正面目。

终极答案

2001 年 11 月 15 日，美国微生物学家唐·威利（Don Wiley）消失得无影无踪。人们在孟菲斯市附近发现他的车，车停在横跨密西西比河的埃尔南多·德·索托桥上，未锁，车钥匙还插在点火开关上。孟菲斯市的警察花了好几个星期搜索那片地方，结果一无所获。此时，"9·11"刚过去两个星期，而威利是世界上顶尖的科学家，是研究危险病毒方面的权威，在人类免疫缺陷病毒（HIV）、埃博拉病毒、天花、疱疹和流感等方面造诣颇深，而且他的失踪难以解释，非常奇特，所以美国联邦调查局（FBI）也参与了调查。他妻子和孩子也刚到孟菲斯，来度一个盼望已久的假期，所以这也不像是自杀。而且许多跳桥自杀的人会脱下鞋子，威利并没有。

最后一次有人见到他是在当晚，地点是孟菲斯市为圣犹达儿童医院的科学顾问委员会举办的一次宴会上。著名的澳大利亚免疫学家和诺贝尔奖获得者彼得·多尔蒂（Peter Doherty）回忆说威利精神不错、兴致高昂。委员会主席、来自波士顿麻省总医院的帕特里夏·多纳霍（Patricia Donahoe）对《纽约时报》说她完全看不出威利"有任何沮丧的迹象"，她怀疑可能是"出了事故，也有可能是谋杀"。哈佛大学和圣犹达儿童医院悬赏 10000 美元以求实情。

威利因为在 20 世纪 80 年代于哈佛大学和杰克·斯特罗明格（Jack Strominger）以及帕梅拉·比约克曼（pamela Bjorkman）一起工作时所取得的成就，成为诺贝尔奖的候选人。和之前梅达沃、彼林汉姆和布伦特三人组一样，这个三人组也永久地改变了我们对免疫系统的认识。比约克曼、斯特罗明格和威利三人为了同一个目的一起工作：研究相容性基因制造的 HLA 蛋白，弄清楚它到底是什么样儿。1987年，在研究了 8 年之后，他们获得了 HLA-A*02 的结构图。HLA-A*02 也就是多赛在 1958 年发现并命名的 MAC，不过多赛并不知道其工作原理。哈佛三人组的结构图生动准确地显示 HLA 是如何工作的。之后，这个结构图成为一个标志性的象征，立刻获得了免疫学科学家及该领域学生的认可。

113

你为什么与众不同
——相容性基因

为什么一个蛋白质的结构图如此重要？基因本质上是一种指令，细胞使用该指令制造某种蛋白质；蛋白质是长链原子：其中大部分为碳，夹杂有其他元素如氮、氢、氧。这些原子成线性链接，但是，非常关键的是，对每一个蛋白质而言，这种线性链接会折叠起来成为某个复杂的结构。我们之所以对这种结构感兴趣，因为它常常能够解释那种蛋白质做了什么、怎么做的。这就类似于一座桥的结构梁，这些梁经由架构而成桥，得以支撑起一个平台，让人与车辆能够从这头移动到那头。一个桥梁结构图，就足以让人明白桥的构造和作用。

正如著名的物理学家理查德·费曼（Richard Feynman）曾经调侃的那样："基本生物学问题其实都非常容易解答，你只要看看这东西的结构图，答案就在那上面。"DNA 的双螺旋结构就是一个典型的例子，其生物分子的结构就显示了其工作方法。沃森和克里克于 1953 年 2 月建立了这个 DNA 模型，模型显示，DNA（碱基）的组成成分是成对的，连在两条螺旋线上，这就意味着，如果两条线分开，那各自还可以再新加一条，这样就能复制出两幅相同的碱基序列的双螺旋结构 DNA。著名的 DNA 结构并非装饰物，它能显示 DNA 是如何复制自己的，这是我们对遗传的分子层面理解的核心。而如果要了解免疫系统，比约克曼、斯特罗明格和威利辛辛苦苦发现的 HLA 蛋白的形状，就和 DNA 的双螺旋结构同样意义深远，具有非凡的启示意义。

1978 年，帕梅拉·比约克曼 22 岁时在哈佛大学开始了她的研究生学习生涯。比约克曼从小就对科学十分感兴趣，她父母既吃惊于此，又觉得甚好，认为她应该读大学，那样就可以在大学中找到如意伴侣。比约克曼本人则说，她觉得哈佛能录取她，必是因为行政方面出了笔误。比约克曼由此而惶惶不安，因而下决心一定要用成绩来证实自己的价值。有一日，她在科德角的伍兹霍尔院系举办的宴会上听了威利的热情洋溢的演讲，之后，她确定了自己的奋斗目标。科德角是美国东北部马萨诸塞州伸入大西洋的一个半岛，而伍兹霍尔在科德角的西南端，远离哈佛的喧嚣，正是一个容易激发志向的地方。在宴会上，威利谈到了蛋白质的结构，他那感染性极强、带着孩子般热情的演讲勾住了比约克曼的魂魄。

威利是一颗冉冉升起的明星，他衣着时髦，常常从头到脚一身黑的装束。他读博时的导师是诺贝尔奖获得者、化学家威廉·利普斯科姆（William Lipscomb），所以威利在他的职业生涯中，其实是跳过了一般人不得不努力拼爬的台阶，并没有在别人的羽翼下默默无闻地做上数年的实验，而是直接站在了最顶峰的科学家的身边，在 1971 年就加入了哈佛大学的生物化学与分子生物学系。除此之外，他在非常年轻时就有了自己的研究实验室。然而，身处科研金字塔塔尖，威利却感到十分失落，总觉得没有找到真正值得一探究竟的课题，以至于研究的动力也开始衰竭，开始考虑转行。并非江郎才尽、灵感枯竭，而是发现自己孤身一人、别无陪伴，有那么一种高处不胜寒的感觉。

1974 年，在哈佛工作了 3 年之后，威利的职位从助教提升至副教授，但是哈佛大学对此决定犹豫不决，决定延期两年以观后效，看看威利的课题是否能脱颖而出。终于，威利找到了一个值得一试的项目：确定流感血凝素的结构。流感血凝素是一种位于流感病毒外层的蛋白质，其作用是帮助病毒附着在人体细胞上。他发现，这种蛋白质能极大地改变其形状，在人体细胞上开出一条通道，使病毒进入细胞。这一发现意义重大，让威利声名鹊起。

威利建议比约克曼继续研究流感蛋白，但是比约克曼的朋友吉姆·考夫曼（Jim Kaufman）跟她说这个恐怕是再枯燥不过的工作了，因为这个蛋白质最重要的发现已经达成。考夫曼现在是一位著名的科学家，在剑桥大学工作，当时他在附近的杰克·斯特罗明格的实验室做事。考夫曼建议比约克曼试一试从 HLA 蛋白的结构着手，因此，在 1979 年 6 月，比约克曼开始跟威利和斯特罗明格一起研究 HLA。

时年 54 岁的斯特罗明格是在哈佛读的本科。斯特罗明格读大学时没想到能被哈佛录取，因为那时犹太学生入学是有配额限制的。他主攻心理学，后来他常说当年学心理学，对后来管理一个研究团队有莫大的助益。之后，他在耶鲁读医，在那里他目睹了美国第一例用青霉素（盘尼西林）治疗病患，这给他留下了深刻的印象。在 20 世纪 50 年代早期，他因麦卡锡主义[①]遭了点小麻烦，因为他的藏书中有马克思和列宁的书籍，而那些书籍其实是他在医学院就读时所学的某门政治科学的阅读材料。他的嫌疑被洗清后，继续在国立卫生研究院（NIH）工作——当时 NIH 只是一个小研究所。同威利一样，斯特罗明格是个早熟型的人才，刚 26 岁，就得到了自主研究的资金和实验室。

---

① 麦卡锡主义：美国共和党参议院 J.R. 麦卡锡于 1951—1954 年间发动的反共运动，在没有足够证据的情况下指控他人不忠、颠覆、叛国等罪。在麦卡锡时代，不少美国人被指为共产党人或同情共产主义者，被迫在政府或私营部门、委员会等地接受不恰当的调查和审问，并被定罪。许多人因此失去工作，事业受到毁灭性打击；有人甚至被监禁。

之后，斯特罗明格离开了 NIH，麦卡锡主义给他带来的磨难，让他不愿意再为政府工作。他在欧洲工作了一小段时间，然后去了位于密苏里州圣路易斯的华盛顿大学，在那里他发现了青霉素的工作原理，这也是一个对医学发展有巨大影响的发现。斯特罗明格成功地确定了细菌侵入细胞壁的方式，而随着这一过程逐步揭示，斯特罗明格对每一个步骤中细菌对青霉素的敏感性都一一做了测试。最后一步至为关键：青霉素干扰细菌用于加固细胞壁的蛋白质，由此发挥作用，也就是说，在细菌构成的最后一步，青霉素成功地阻断了细菌对细胞的侵扰。这一发现，大大提高了斯特罗明格在学术上的声誉。他于 1964 年去到位于麦迪逊的威斯康星大学，之后，在 1968 年被猎头公司又召回至哈佛大学，非常关键的是，他在威利工作的同一栋楼里建立了自己的实验室。也就是在 1967 年，巴纳德成功地完成了心脏移植手术。

回到哈佛大学后，斯特罗明格刚满 40 岁，踌躇满志，想开展一项规模大、题材新的研究课题。他主攻细菌化学，还没有阅读过任何伯内特或梅达沃的著作，但当时，移植生物学正处于悬而未决的当口，人人都知道这是一个重要的研究领域，有许多未解之谜。斯特罗明格尚需进入该领域的途径，而他的机会，于他在巴黎参加一次会议时不期而至。

在这次会议上，来自英国波顿[①]微生物研究机构的艾伦·戴维斯（Allan Davies）做了个报告，认为糖类分子的差异可能是由 HLA 的相容性导致的。这一观点同兰德施泰纳的基本血型理论相似，但是更复杂。与会的斯特罗明格立刻迷上了这一理论。数年来，他一直在研究细菌细胞壁中非同寻常的糖类分子，那么，他也许能把他的有关糖类化学方面的知识运用于解决移植领域的问题。于是他把 HLA 的研究提到优先位置。

接下来几年，从 20 世纪 60 年代中期到晚期，斯特罗明格通过研究发现，戴维斯的理论是错的，糖类与人类 HLA 的差异无关。但是当时已没有回头路了，他的实验室已经把精力集中在 HLA，而他针对青霉素的研究也已结束。在这 10 年里，比约克曼尚未开始她对 HLA 的探索，斯特罗明格的实验室已经净化了 HLA 蛋白，弄清楚了它的组成成分，确认了哪些部分发生了变异，并分离出了编码蛋白质的 DNA。后来有一天，威利和斯特罗明格在他们工作的童子大厦的楼梯井碰到了彼此，聊了会儿天之后，他们决定一起工作，来弄明白 HLA 蛋白的结构。斯特罗明格团队中的一员，彼得·帕勒

---

① 波顿是位于英格兰威尔特郡伯恩山谷的一个村子，附近有国防科技实验室。

119

姆（Peter Parham）已经在弄这一项目了。但是直到 1979 年，比约克曼、斯特罗明格和威利才真正聚在一起，组成了一个三人团队，这个项目才正式启动。

其实威利在最初时觉得这个项目不可能成功，因为问题在于，如威利所知，HLA 蛋白上附有糖（俗称碳水化合物）。虽然如斯特罗明格所发现的那样，糖类与人类 HLA 的数量庞大的变体无关，但是糖类在其组成方面还是会有变化。威利认为，如果他们试图确认一个 HLA 蛋白的结构，附着在 HLA 上的糖类可能会是个麻烦。事实上也确实如此，当时已解出的大部分蛋白质的结构都没有附着碳水化合物，这也就意味着，解析带糖类的蛋白质要困难得多。所以威利告诉比约克曼，做这个项目可以加一个附带条件，即如果一年没出成果，她就可以另换课题。比约克曼接受了这个条件，作为威利和斯特罗明格两人共同的研究生，开始去寻解 HLA 蛋白的结构。

蛋白质一般长约 10 纳米，100 万个连起来大约就是 1 厘米，每个蛋白质含有约 2 万个原子。20 世纪 50 年代后，科学家们已经使用 X 射线晶体学的方式来定位原子的位置，进而来显示蛋白质的结构。这一过程要求首先培养一个纯蛋白的晶状体。一束 X 射线照射其上，根据 X 光照射晶状体后的结果，检测其原子的位置，从而通过计算，描绘出蛋白质的形状。

要获取蛋白晶状体，需把 HLA 蛋白加入不同浓度的溶有盐和其他物质的液体中，以使其呈现出晶体的形状。浓度需为多少才能析出晶体，就纯看比约克曼的运气了，所以她需要大量的 HLA 蛋白，这样才能做足够多的实验，找出所有让 HLA 蛋白能形成晶体的浓度和条件。

斯特罗明格的实验室已经找到获取 HLA 蛋白的方法。他们使用了来自印第安纳阿米什社区的一个人的细胞，这个人从父母那儿遗传了同样的 A 和 B 的一类 HLA 蛋白，这跟通常人类的差异程度非常不同，此人父母携带的 HLA-A 和 HLA-B 一模一样，并无差异。比约克曼从细胞表面切除 HLA 蛋白（通过添加木瓜蛋白酶），把 HLA-A 和 HLA-B 分开，这个步骤相对来说比较容易(使用标准的离子交换色谱技术)。这样，比约克曼就能得到纯 HLA-A 蛋白，确切地说，这个人细胞中含有的，是 HLA-A*02。让人惊诧的是，她第一次试图析出晶体就告成功。当然首批获得的晶状体还不够好，无法从中获取结构体系；因为晶状体需足够大、质量需足够高，X 射线才能分析出来。但是不管怎样，这是一个好的开端。

然而之后，比约克曼的运气转瞬即逝，再也没法弄出质量足够好的晶体来。

比约克曼花了 7 年的时间，日日在实验室从早上 10 点左右忙到第二天凌晨。哈佛的工作氛围就是如此，让科学家们觉得如果不是全身心投入的话，将一事无成。但是比约克曼即使是全身心地投入了，也无法弄出足够大足够多的晶体。她都开始认命了，觉得怎么着都弄不到自己想要的东西。即使如此，她仍在坚持，秉持着"一个既浪漫又愚蠢的念头，要么成功，要么失败"。最终她还是弄清楚了蛋白对称性的一些细节以及其构成成分是如何排列的。这并不是一个了不起的发现，但是当大突破未能达成时，这些小发现总能支撑着人走下去。

天助比约克曼的是，当时在这一领域的竞争并不如现在这么大。只有自成一派的少数蛋白结构相关领域的研究人员知道威利正在研究 HLA 蛋白的结构，所以大体而言，其他的科学家并没有关注这一问题。比约克曼的压力主要来自自己。

在哈佛，比约克曼放弃了使用 X 射线，改用当时正在建造的粒子加速器使用的强度更大的射线。每一趟旅程都来去匆匆，常常是这一趟去纽约附近的康奈尔大学，下一趟去德国的汉堡，因为她的实验必须紧跟物理学家们在高能反应器方面的研究成果，而每一次物理学家的发现和发明，都可能决定她是不是要继续使用 X 射线。有一次，她花了整整 5 天的时间等着射线出来以完成实验，结果在整段时间内，她一直被告知一小时后就能看到结果，然而一小时复一小时，她要的射线却始终没有出现。在另一次旅途中，X 射线机坏了，因为每一个晶体只能照一次射线，所以这一次照相机没有能拍下 X 射线的模式，害得她浪费了整整一年份的样品。

并没有灵光乍现、瞬时顿悟的时刻，比约克曼只是把诸多实验得出的零零散散的数据综合起来，愣是挤出了少许的成功，解出了结构的 90％ 的细节。最后的 10％ 既遥远又难以捉摸。而没能解出的这 10％，成为一个谜团，又耗费了她整整一年的时间。要想弄明白这最后的结果是如何得来的，我们得回顾一下之前的一段时间发生的事，因为当 HLA 的开拓者——多赛、范·鲁德和佩恩——开始质疑比约克曼、斯特罗明格和威利的成就时，有许多不得不说的故事。

在 20 世纪 70 年代中期，一位来自瑞士巴塞尔的医生罗夫·辛克纳吉（Rolf Zinkernagel）和澳大利亚的彼得·多尔蒂

（Peter Doherty）做了一系列的实验，实验结果显示了 HLA
蛋白在生物学上真正的重要性。这两人在澳大利亚堪培拉一
起工作，是伯内特的"免疫学流派"的成员，他们成就斐然，
其研究成果在免疫学领域堪称无处不在，在每一本免疫学的
教科书中都得到大书特书，也都获得了诺贝尔奖。

多尔蒂在爱丁堡大学拿到了神经病理学专业的博士学
位，从 1971 年末就开始在堪培拉工作，比罗夫·辛克纳吉早
了一年多，辛克纳吉是 1973 年 1 月到的堪培拉。之前辛克纳
吉找工作找得很辛苦，后来在欧洲工作时和来访的科学家私
谈后才谋得了一个在堪培拉工作的职位。他带着妻子和两个
幼子（一个 2 岁半、一个才 11 个月）搬到澳大利亚，才发现
他要工作的实验室人员太多，几乎没他容身的位置。后来他
被指示去和多尔蒂共享一个工作区，这么一个小小的决定，
其结果却影响巨大。

接下来两年半，辛克纳吉都和多尔蒂在一起工作，在这
短短的合作时间内，他们取得了伟大的成就，这也使他们俩
的名字永远地联系在一起。回顾当初，多尔蒂认为这对他们
而言是一个很大的优势，因为在当时，除了传奇的霍尔研究
所的伯内特和他的同行外，澳大利亚差不多算是远离科学主

流的蛮荒之地, 这两人的合作, 是两种思维的碰撞, 火花四溅。

在那个时候, 虽然 HLA 蛋白在移植中起着重要的作用, 但是到底是什么样的作用, 却无人知晓。有证据表明, 免疫反应受到特定的基因影响, 只是研究主要集中在针对化学合成分子的免疫反应。辛克纳吉和多尔蒂对这些研究很感兴趣, 认为他们应该要研究面临真正的威胁时——如病毒——免疫系统是如何产生反应的。

多尔蒂当时正在研究小鼠对淋巴细胞脉络丛脑膜炎病毒 (LCMV) 的免疫反应。免疫学家对这种病毒尤感兴趣, 因为造成问题的, 与其说是该病毒, 不如说是针对该病毒的免疫反应。免疫细胞被病毒激活后, 会杀死维持血脑屏障的细胞, 从而导致急性大脑肿胀, 以至于死亡。还记得身体有哪些部分受到保护, 远离免疫反应吗? 这正是一个绝好的例子, 足以证明这种保护至关重要, 保护一旦失效, 后果不堪设想。

辛克纳吉和多尔蒂一起开始研究 LCMV, 夜以继日, 一周工作 7 天。他们的奉献、热情、相互理解和冷幽默紧密缠绕, 一直都陪伴着他们。"那段时间够紧张的,"多尔蒂回忆道, "我们都是全身心地投入到研究当中。"他们首先测试来自

被感染的动物的脑脊液中的免疫细胞(明确地说,就是T细胞)
是否会杀死他们故意用病毒感染的细胞, 结果发现, 免疫细
胞越是擅长杀戮, 小鼠的病就越严重, 这个结果与预期相符,
即小鼠的病并不是由病毒直接造成的, 而是由免疫反应造成
的。接下来在1973年10月, 他们的首个具有突破性的实验
闪亮登场。

之前的研究成果表明, 不同品系的小鼠对于疾病的易感
性也不相同, 受到这些成果的启发, 他们着手新的实验, 去
比较某一品系小鼠的免疫细胞杀死来自其他品系小鼠受病毒
感染的细胞的能力。这些使用不同基因背景的小鼠的实验,
让他们获得了一个轰动性的发现: 免疫细胞, 确切地说是杀
手T细胞, 并不能杀死来自不同品系小鼠的感染了病毒的细
胞, 某种品系小鼠中由病毒激活的杀手T细胞, 只能检测出
拥有同样一类相容性基因的其他细胞中的病毒, 这表明, 对
移植关系重大的相容性基因, 同时也控制着针对病毒的免疫
反应。

这一发现具有爆炸性效应, 辛克纳吉和多尔蒂对此都很
清楚。他们把研究成果拿给时年74岁的伯内特看, 但是出乎
意料, 伯内特没有立刻意识到这一结果的重要性。辛克纳吉

和多尔蒂并未被权威的否定给吓倒，他们决定要走出去，把他们的成果告诉世界：多尔蒂在6周内在全世界举办了22场报告会，而辛克纳吉则在欧洲到处发表演讲。1974年4月，他们把成果发表在了世界顶级期刊《自然》上。即使如此，仍有许多人认为他们的发现只不过是虚假的结果，认为他们的实验方法也许出了纰漏，或者他们使用的病毒有古怪。科学界意识到相容性基因的存在当然不是为了为难做移植手术的外科医生，但是他们又很难改变根深蒂固的思维模式，因而也无法理解这些基因也能控制针对病毒的免疫反应。当时大部分科学家认为，免疫细胞可以直接辨认出病毒，至于受感染的是哪种细胞，不会有任何限制或影响。

科学界的反应对辛克纳吉和多尔蒂影响颇大，尤其是多尔蒂，永远都不会忘记那些对他的工作泼冷水的人。

在辛克纳吉和多尔蒂的论文在《自然》上发表之后又过了大约两年，其他的团队也陆陆续续发表了他们的实验版本，但是科学界尚未对这个发现的重要性达成共识，辛克纳吉和多尔蒂杜撰了一个词"MHC局限性"，以描述"检测病毒仅局限在有合适MHC蛋白的细胞"这一观点。到目前为止，这个说法仍是免疫学家的日常用语。

1975 年，辛克纳吉和多尔蒂为《柳叶刀》写了一篇短小精悍、但对未来有巨大影响的文章，讨论他们这个非凡的发现所具有的意义。在文章中，他们介绍了一个新的观点。1949 年，伯内特提出，免疫系统的功能在于区分"自我"和"非我"，也就是区分自身的组织细胞和来自外部的物质。辛克纳吉和多尔蒂的新主张则是，事实上，免疫系统是通过识别"改变了的'自我'"来发挥作用的。他们认为，一个身体的 MHC 蛋白会因为病毒的侵入而发生改变，身体的免疫细胞就能够把疾病识别成为"改变了的'自我'"而发挥其功能。这个新观点，改变了人们对于免疫系统工作方式的看法。

在文中，他们认为他们的数据能够解释为什么 HLA 蛋白会有如此巨大的多样性。在 20 世纪 70 年代，对于多样性主要的解释是，移植不相容的现象之所以存在，是因为进化的结果，原因在于防止肿瘤在人群中蔓延。人类中并未发现传染性癌症，但是有些动物中是有的。例如狗的传染性性病肿瘤是通过性行为传染的，最早可能出现在 1 万年左右之前狗刚刚驯化成家畜的时候。辛克纳吉和多尔蒂与当时的主流观点不一样，他们认为，HLA 的多样性可能与人群的抗病毒感染有关。

辛克纳吉和多尔蒂认为，如果免疫细胞检测病毒的方式有所不同，病毒就更难侵入免疫系统。换句话说，他们推测，人类进化出 HLA 多样性，这样，人类作为一个种群，在和病毒对抗时就能更强大。这个看法有着非凡的洞察力，尤其是当时，人们还不知道 MHC 蛋白到底是如何因病毒入侵而"发生改变"，这个谜团，要等到比约克曼、威利和斯特罗明格最终找出那难以捉摸的 10% 的 HLA 蛋白结构后才能揭晓。但是，在当时，辛克纳吉和多尔蒂强调这些细节对他们的总的论述并不重要；像他们之前的伯内特那样，他们关心的是确定免疫系统工作的基本通则。

辛克纳吉和多尔蒂在 1996 年获得诺贝尔奖，离他们一起工作做实验研究已有 20 余年。他们知道会得奖吗？多尔蒂在 2011 年跟我说起这事："人们告诉我说我得到诺贝尔奖的提名了。不知道他们是如何晓得的，不是说应该保密的吗？"

在辛克纳吉和多尔蒂的发现之后，随之而来的巨大谜题就是，免疫细胞是如何同时识别出 MHC 蛋白和病毒的。免疫细胞到底检测到蛋白质或蛋白质结合体中的什么了？首先，我们需要知道，病毒的检测和我们相容性基因编码的蛋白质相关。

那么，先了解一下其工作原理。

总的来说，细胞通过其表面的受体与外界发生互动。受体是细胞表面凸出的小的蛋白分子，它和周围溶液的其他分子或其他细胞表面的其他分子相结合。对 T 细胞有两种理论，一则认为 T 细胞有单个受体，可以同时识别病毒蛋白和 MHC 蛋白；另一种看法是这些免疫细胞肯定有两个受体，一个用于识别病毒蛋白，一个用于识别 MHC 蛋白，两个受体同时启动，就形成免疫反应。

各组研究团队都在全力以赴去找寻 T 细胞上受体的本质，有几个团队取得了些进展，但是最终解开谜题的却是确定编码 T 细胞受体的基因。马克·戴维斯（Mark Davis），先在 NIH 工作，后来转到斯坦福，使用了一种高难技术发现了一种基因，这种基因 T 细胞使用，但另一种类型的细胞，也就是 B 细胞，却不使用。他之所以能够成功，是因为他跟别人思考的方式不一样，而且他的实验方式也与众不同。

他考虑的不是 HLA 蛋白是如何工作的，或者说他考虑的并不是免疫系统本身，而是琢磨为什么 T 细胞和 B 细胞不同。人体中所有的细胞拥有同一套基因，但是不同细胞中，不同的基因"被点亮"，以制造出不同的蛋白质，这样每个细胞就有独特的形状，在身体中扮演独特的角色。戴维斯想知道的是，T 细胞中哪种基因"被点亮"了。这种思考方式使他找到一种基因，这种基因在不同的 T 细胞中各有特点，但是在其他的细胞中却找不到，由此，这种基因就一定是 T 细胞中用于识别病毒的主要受体。

他在 1983 年 8 月于日本东京举行的世界免疫学大会上发表了即兴讲话，宣布他发现了 T 细胞受体基因。《科学》期刊采取了一个非同寻常的举措，在 1983 年 9 月发表了该项成就。一般情况下，任何科学发现先需由一些科学家评估通过才能发表，也就是著名的同行评审，而这一过程一般需要数月。事实上，戴维斯的发现正式发表时间是 1984 年 3 月，也经过了同行评审。

针对 T 细胞受体的本质的争论就此得到了答案：T 细胞中的受体彼此不同，这样，每一个 T 细胞就能检测出一种"非我"分子——如在细菌上发现的"非我"分子。

但是这又引来了一个新问题：这样单个的 T 细胞受体，到底是如何识别和 HLA 蛋白绑定在一起的病毒的呢？也就是说，辛克纳吉和多尔蒂的发现，即只有在病毒感染含有某一种特定 MHC 蛋白的细胞的时候，T 细胞才能识别该病毒，这一现象的原理仍然是一个谜。这一切到底是如何进行的，也就是说，T 细胞受体在另一个细胞上到底检测到了什么，这个问题仍然至关重要，亟待解决。唯有解决了这个问题，才能了解免疫系统的基本工作方式，也才能在临床上达到加强或阻碍免疫反应的目的。

再一次，对于 T 细胞受体的工作原理，科学家们各有各的看法。一种观点是，T 细胞受体识别附着在或靠近 HLA 蛋白的病毒蛋白。另一种则是，T 细胞受体可以用某种方式来识别病毒修改过的 HLA 蛋白。当时没人知道答案。揭示免疫学广义的概念，多半靠纯思考，而使其在实践中起作用的分子细节方面，却很难理论化。简而言之，就是还需要更多的实验。以及，另一位能做出突破性贡献的科学家。

阿兰·汤森（Alain Townsend）第一次读到辛克纳吉和多尔蒂发表于 1974 年 5 月的论文时才 23 岁，在伦敦的圣玛丽医院当医生，这些论文对他影响很大。当时已知某些疾病的易感性与遗传的相容性基因种类有关系，汤森对辛克纳吉和多尔蒂给出的证据非常感兴趣，所以他在伦敦米尔山的国立医学研究所开始一项博士研究项目，以确定 T 细胞是如何识别"非我"分子的。他对其中的某一个事实感到特别迷惑不解，即有些病毒尽管在细胞表面没有任何自己的蛋白质，但是 T 细胞也能识别出来，所以 T 细胞到底是怎么做到的呢?

汤森和他的同事安德鲁·麦克迈克尔（Andrew McMichael）开始着手研究 T 细胞的识别方式。这两个人均性格沉静、文质彬彬、思维清晰。他们一起培养能检测某种特定流感蛋白的 T 细胞。起先，他们在流感病毒感染的细胞表面寻找蛋白质，但是却一无所获，这种蛋白质并不在细胞表面，而是存在于细胞内部。如果这种蛋白质不在表面而在内部，T 细胞又是如何看到它、并把它视为另一个细胞生病的迹象呢? 研究期间，汤森和麦克迈克尔常常一起去当地的酒吧，一边喝酒一边争执不已。

汤森做了一系列关键的实验，从 20 世纪 80 年代早期他在米尔山的博士项目开始，直到他移至牛津大学，在一家挂靠在约翰·拉德克利夫医院的研究所工作时，实验一直在进行。在一个具有开创性意义的实验中，他用 3 种不同的处理方式来比较 T 细胞的杀伤力：首先，用流感病毒感染细胞；其次，不用全病毒来感染细胞，而是对细胞加以处理，使其制造一个会令 T 细胞发生反应的病毒蛋白；再次，对细胞加以处理，使其只制造病毒蛋白的碎片。第三种方式是实验最重要的部分，因为细胞本身并不包含病毒，甚至没有会引起 T 细胞发生反应的蛋白质分子，有的只是那种蛋白质的片段，称为肽，又称缩氨酸。

汤森发现，无论是用哪种方式处理的细胞，T 细胞都同样能识别并杀死它。他还确认，不同的 T 细胞是由流感蛋白的不同部分激活的。他接下来做的实验，到目前为止仍然得到盛赞：他没有对细胞加以处理，使其制造出病毒蛋白或病毒蛋白的碎片，而是把人工合成的病毒蛋白碎片（肽）直接加入细胞中。25 年后，汤森仍能清晰记得那激动人心的一刻：在显微镜下，他看到浸泡在肽中的细胞，逐一被杀手 T 细胞杀死。

他清清楚楚地看到，细胞被杀死了：它们不再附着在玻璃盘底。他立刻拿给麦克迈克尔看，他们俩又跑到酒吧去庆祝了一番。汤森获得了实验成果，但是要弄一个可以发表的结果，他不能只写下他看到细胞被杀死了，他还得等待实验给他一个确切的答案，测量出放射性细胞被破坏后释放到周围液体中的放射性物质的量。喝完酒回来，汤森得到了这些正式的结果。他所见的得到了证实，他的实验非常明确地显示，杀手 T 细胞会识别并摧毁含有小的病毒肽和某种特定 HLA 蛋白的细胞。这是个令人叹服的结果，它显示，免疫系统能够判断，如果细胞含有哪怕来自病毒的蛋白质的一个小片段，那么细胞就已经染病。也就是说，蛋白质的小碎片，也就是肽，能够被免疫系统识别为疾病的迹象。

但是并非每个人都认同这个观点，如辛克纳吉就不喜欢，也许是因为尚无法解释病毒蛋白的小碎片到底是如何被 T 细胞识别的。要等到 18 个月后，比约克曼、威利和斯特罗明格给出了 HLA 蛋白的结构图，这个问题才得以解决。来自辛克纳吉的质疑让年轻的汤森深感受伤，毕竟汤森一直都非常崇拜辛克纳吉。

为了解决这个问题，汤森同意把细胞寄给辛克纳吉的实验室，那样就能让辛克纳吉的团队重复这些实验。不久，这两人在一次英国免疫学大会上见面，汤森小心翼翼地询问实验结果，而辛克纳吉说实验并不成功，他无法复制汤森发表的那些实验。更糟糕的是，辛克纳吉的助理们发现，汤森给他们的所有的细胞都被一种叫作支原体的细菌污染，众所周知，支原体会让细胞发生奇怪的变化。

对汤森而言这是个巨大的打击，他无法置信。他的实验室一直都非常小心，不让细胞受到支原体的污染，而且他很确信，他从来没有用受过污染的细胞做实验。所以汤森询问是谁做的这些实验，答案是，辛克纳吉实验室的一位初级医生。"那么好，"汤森回答道，"我再次给您寄送试剂和细胞，但是这一次，您得让您实验室有经验的人来做这个实验——或者您亲自做。"

这个局面非常严峻，汤森除了等待别无他法。回忆当初，汤森说他只能通过默想伽利略（Galileo）在 1610 年发表《星空使者》（*The Starry Messenger*）时的情况来安慰自己，因为他这次发生的情况，和伽利略那时遇到的十分相似，都是乱成一团糟。当年，伽利略建造了一架新的"间谍眼镜"，也就是后来说的望远镜。伽利略用这台望远镜看到了许多新的星星，还发现木星有四颗卫星。伽利略看到月球"表面并不是顺滑光溜的，处处都粗糙不平，有高山，也有峡谷，就跟地球表面一样"。他甚至估算月球上有些山高达四英里。但是，当时人人都觉得月球表面是平滑的，大部分人都觉得伽利略在胡说八道。伽利略就做了更多的"间谍眼镜"并分发给一些怀疑者。直到那时，人们才接受他的看法。

对汤森而言，这个故事有双重意义，它表明，要想让他人接受一个新发现，要么分享工具，要么把实验弄得简单些，让别人也能做。如果一个科研成果依赖于极为罕见或极新的科技，别人就很难证实这个成果的可靠性。汤森用于检测细胞被杀的实验方法（也就是所谓的放射性释放试验），与辛克纳吉和多尔蒂用来获得诺贝尔奖的实验方法是同种类型，任何实验室都能做。

第二轮实验获得了巨大的成功，证明汤森的发现十分可靠，从此之后，辛克纳吉成了汤森坚定的支持者。把"非我"肽和 HLA 蛋白合成，其实就是辛克纳吉和多尔蒂在 10 年前讨论的"改变了的'自我'"，即对 HLA 蛋白的修改会被检测为疾病的标志。当多尔蒂首次读到汤森的论文，无法相信当年自己居然错过了这个发现，他认为"如果他们颁给我们的诺贝尔奖还有第三人，那就应该是阿兰（汤森）"。

但是谜团仍在，人们仍然无法说清楚 HLA 和病毒蛋白的碎片到底是如何激活 T 细胞的。比约克曼、斯特罗明格和威利已经快要解决这个问题了，他们有原始资料，但是要分析并显示 HLA 蛋白的形状，仍然非常困难。另一个博士后研究者加入了威利的团队，他叫马克·萨珀（Mark Saper），之前参与分析了比约克曼的实验数据。他们已经弄清楚了这个蛋白质链90%的情况，但剩下的10%仍然笼罩在迷雾中，不愿现身。他们并不认为那10%可能是汤森使用的肽类物质，因为比约克曼使用的，是取自未被病毒感染的细胞而制成的纯HLA蛋白质晶状体。

真相最终在1987年到来。解出HLA-A*02的全部结构后发现，那恼人的模糊不清的10%占据了HLA蛋白顶部的凹槽处。它位于扁平状蛋白的顶部，夹在两条HLA蛋白长螺旋之间。一直没有弄清楚的，其实是肽的大小。结构图显示，HLA蛋白的框架结构，使其能完美地把肽扣住并展现出来。

和大部分科学突破相似，这一发现也没有真正的灵光乍现的时刻，因为计算蛋白质结构是一个十分漫长的过程（当时是如此，现在情况不一样了），灵感不管用。结构图非常漂亮，也足以说明问题，因为它正中靶心，细节分明地显示出区分"自我"和"非我"这一过程是如何进行的。比约克曼没有给样品加任何病毒或"非我"肽，但是在HLA蛋白质的顶部仍有一个肽。比约克曼认为，这些肽肯定来自细胞本身，这意味着HLA蛋白不是只结合"非我"肽，而是和细胞内部的所有肽都有联系。

这是个极其重要的发现。在此之前，大多数科学家一直致力于了解 HLA 蛋白是如何与来自病毒等的"非我"肽结合。但结构显示 HLA 不区分"非我"肽和"自我"肽，它结合所有种类的肽，通常结合由细胞产生的肽，也会结合来自病毒感染的其他肽。多年前的研究也涉及了 HLA 是如何工作的，但其确切的工作方式一直模糊不清。现在，HLA 蛋白的结构图让 HLA 的工作方式成为关注的焦点。

HLA 蛋白的结构图显示，在细胞内制造的所有蛋白质分子都在不断地被切成肽；而这些肽，又被放置在 HLA 蛋白的凹槽中——展示。通过这种方式，细胞不断地在其表面"报告"其制作过程中所有的蛋白质样品。与此同时，T 细胞则遣其受体调查细胞展示的蛋白质片段，寻找任何"非我"的东西。如果 T 细胞发现了任何体内未曾见过的东西，就会激活。还记得每个 T 细胞都有一个独特的受体吗？它们就是使用这些受体来检测另一个细胞上 HLA 蛋白凹槽中的物质的。任何一个对"自我"发生反应的 T 细胞，也就是其受体在遇到 HLA 蛋白凹槽上的"自我"肽会发生反应的 T 细胞，在胸腺中被杀死，而胸腺，就是以前人们认为的无用的器官，因为那里只有死亡的免疫细胞。所以，能从胸腺出来的 T 细胞所拥有的受体，能被肽和 HLA 蛋白的特定结合物激活。如果一个 T

细胞被激活了,那它肯定是看到了一个身体内从未见过的肽。简而言之,这就是免疫细胞如何区分"自我"和"非我"的。

这一发现如此重要,以至于威利下了封口令,在他们发布 HLA 蛋白的结构图之前,不得向外界泄漏此事。这就意味着足足有两个月的时间不能谈论它,不能提交会议论文,甚至与其他科学家就数据闲聊也不行。威利的封口令甚至让比约克曼在工作面试时都倍觉困难,因为她不能提及他们的研究成果。在这两个月里,威利和他的同事们写了两篇论文,其中一篇关于 HLA 蛋白的结构,另一篇讨论蛋白质形状的广泛影响。意料之中的是,他们的论文一提交,期刊《自然》在数日内就接受了这两篇论文并给予刊登,跳过了一般需要 2~3 个月的同行评审过程。

奇怪的是,由此而来的各种奖项颁给了这个三人组的不同的组合形式。但是事实上,三人组的每一个成员都至关重要、不可或缺,他们一起成就了这一伟大的突破。斯特罗明格对 HLA 的研究已经持续了 15 年多,他的实验室的工作很关键,因为他们知道如何分离和纯化 HLA 蛋白;威利拥有必要的 X 射线技术的专业知识,这样才能弄清楚 HLA 蛋白的结构图;而他们的博士生比约克曼在长达 8 年的科学马拉松中,一直辛勤工作，全身心都奉献给了这项研究。即便如此，这个三人团队和梅达沃的圣三位一体组还是有所不同。在梅达沃的三人组中，梅达沃是无可争议的领导者，他率领着彼林汉姆和布伦特共同进退，一起研究；而威利这个三人组里，威利和斯特罗明格都是雄心勃勃的领导者，他们虽然在一起解决问题，但是仍分别独立管理各自的实验室。

如果说成果出来后，威利和斯特罗明格瞄上了各种奖项的话，比约克曼的脑海中，除了科学本身，考虑的可能就是工作岗位了：这项成就，帮她在位于加利福尼亚州帕萨迪纳市的加州理工学院赢得了一个受人尊重的教师职位，而她于1989年立刻接受了这份工作。她现在仍在那里工作，主要从事其他结构的研究，以期应用在医疗方面。斯特罗明格现在已经快90岁了，仍然在哈佛大学工作，管理着一项资金充足的研究项目，并且作为合著者，发表了近千篇科学论文。辛克纳吉已经退休，他的主要活动就是在山区散步，而多尔蒂继续从事研究，同时还撰写各种各样题材的文章，最近出版了一本书，谈的是全球变暖的问题。

威利失踪1个月后，一位开起重机的人在密西西比河中看到了威利的尸体，那里已经离孟菲斯340英里了，威利的

你为什么与众不同
——相容性基因

尸体夹杂在河中顺流而下的圆木之间。随后的调查，先是认为他被恐怖分子杀害，后来又认为是自杀，最后的结论，则是意外身亡。事情发生的顺序应该是这样的：威利在医院的宴会上饮酒，之后没有和其他与会者一样在宾馆过夜，而是开车去附近他父亲家。他离开宴会和到大桥边之间有较长的一段时间不知下落，很可能是走错了路。车上有凹痕，可能是他在桥上企图掉头而剐蹭在什么地方了，然后，他可能下了车，想看看车子的损毁情况，也可能只是想下车呕吐一下。不管是什么原因，反正他下了车。警察推断，他可能是被旁边飞驰而过的卡车撞下了桥，也可能是一阵狂风让他没能站稳。威利个子高大，但是桥栏杆较矮，高度可能只到他的大腿。一个关键的证据是，在桥的一根横梁上发现了他的一颗纽扣。如果他是跳下去的，会避开横梁。

当威利死去，谁知道我们失去了什么？正如约翰·列侬被枪杀后，无人知道有多少未能颂咏的旋律永远都无法唱响。从 1996 年 1 月到 1999 年 10 月，我和斯特罗明格一起在哈佛工作，同威利一样在同一栋办公楼，偶尔能遇到威利。而现在在伦敦，我常常想，他是否意识到他的研究到底有多前沿，他的教导和他的人格魅力在他死后仍然在继续影响着像我这样的人，而我们对他知之甚少。我们也意识到这点了吗？我

们之间有无数方式发生着关联,从我们每人每天的所说所做,
到我们刚刚开始了解的基因遗传的共同线索，无不千丝万缕
地联系在一起。

第二部分

相容性基因研究的前沿阵地

关键在于差异

人类在相容性基因方面存在着差异。这种差异到底有多重要？简而言之，它们影响到你能否从疾病的侵扰中康复过来以及康复的速度是快还是慢。本章的重点是帮助大家了解基因遗传对我们人类整体福祉的影响。

基因对一个人的健康和行为究竟能够产生多么大的影响，最好的例子莫过于伍迪·格思里（Woody Guthrie）了。伍迪是美国的民谣歌手，在美国经济大萧条时期，他站左翼，他的作品极大地激发了鲍勃·迪伦①（Bob Dylan）和布鲁斯·斯

---

① 鲍勃·迪伦：生于 1941 年 5 月 24 日，原名 Robert Allen Zimmerman，是一位美国唱作人、艺术家和作家，最有名的作品是《答案在风中飘》（*Blowing in the Wind*）。

普林斯汀[1]（Bruce Springsteen）的创作灵感。伍迪一直弹着的吉他上潦草地写着"这把吉他会杀死法西斯"。他写了1000多首歌，因为这些歌声名显赫；他发表了自传《为荣耀而战》，记载着他向往自由生活、乘火车奔波劳碌以及个人反叛的人生，感染并激励了无数人。但是伍迪患有严重的因基因突变而产生的疾病，他女儿诺拉说从未看到过他健康的样子。当伍迪30多岁，本应该是成功的巅峰时期时，他的行为变得古怪，甚至充满暴力。

在很长一段时间内，伍迪被误认为有酗酒行为，后来又被误诊为精神分裂症。1952年5月15日晚，他袭击了他的妻子马乔里。马乔里进入房子里时，看到他手持剪刀，目光呆滞。他剪断了电话线，因此这个袭击看上去是有预谋的。马乔里跑到楼上，爬到床上，而伍迪尾随其后，开始挥拳连续击打她。伍迪嘴里冒着白色的泡沫，事情看起来非常奇怪。这次袭击比以往更为疯狂，而马乔里很确定，伍迪并未醉酒。她逃出去找到邻居求救，警察也立刻赶到了，直到一个警官跟伍迪说听过他的歌时，伍迪才安静下来。刚刚经历了地狱的

---

② 布鲁斯·斯普林斯汀：生于1949年9月23日，美国摇滚歌手、作词作曲家。多部电影主题曲创作者和演唱者，如《费城故事》等。

马乔里说出了真相："伍迪，你病了……我不知道是什么病，你也不知道是什么病，但是，你确实病了。"

第二天伍迪入院检查，接受了为酗酒者开设的三周疗程，出院后，他给马乔里写信，试图让她相信，是酒让他变成了一个冷酷无情、暴虐无知的蠢货。最后，1952年9月3日，一位神经科医生发现伍迪患的是亨廷顿病。在此之前，他常有的抽搐、颤抖和含混不清的说话，一直被认为是艺术家才有的古怪行径。伍迪一直因为这个疾病而不能自控，在1956年5月，他因为没买公车票而被逮捕，警察把他送入新泽西的格雷斯通精神病医院，在那里，他待了好多年。鲍勃·迪伦曾带了香烟去医院看望他，并唱歌给他听——第一次是在1961年1月。迪伦仍记得那时的场景，"到那里去见任何人都会让人感觉古怪，更何况是去见一位传奇的人物……这种经历让人清醒，也让人心力交瘁"。

伍迪死于1967年10月3日，时年55岁。他死后，马乔里在《纽约时报》刊发广告，寻找因同种疾病而饱受折磨的家庭，把他们召集在一起。她劝说美国总统吉米·卡特（Jimmy Carter）建立一个委员会以研究神经系统疾病，由此，美国亨廷顿病协会得以成立，这个协会筹款资助的研究发现了该疾病第一个遗传标记。马乔里死于 1983 年，但是每年 7 月在俄克拉荷马州举行的伍迪·格思里民谣节仍在继续，为更多的研究筹集资金；伍迪的小妹妹玛丽·乔每年也都举行一次煎饼早餐会来筹募资金——玛丽·乔运气好，没有和她哥哥一样患有这种遗传疾病。1993 年，科学家们终于发现了导致亨廷顿病的基因。

正常版本的基因中有一个片段是重复的，而发生突变的基因，其重复的片段比正常的要长，所以细胞制造出来的蛋白质就比正常的要大一些，这样会导致疾病发生，使病人产生认知障碍和痴呆，其原因尚不明了。虽然病人的长期记忆得以幸免，但对病人而言，这也不是什么好消息，因为病人的语言和很多高阶脑功能都会日渐衰弱。多达 1/4 的病人试图自杀，抑郁症是他们的常见病。只要有一个突变基因就足以致病，所以如果父母单方患有该病，其孩子就有 50% 的可能性遗传该病。孩子们常常目睹他们的父亲或母亲遭受疾病的折磨，也知道他们很有可能会有同样的命运，有些孩子会选择做基因检测，以确定是否遗传了该病，还有些人则选择不去知道事实真相。知或不知，这样的问题纠缠着他们，煎熬着他们，让他们痛苦万分。因为他们能做的，只能是去了解他们到底有没有这种病，除此之外，他们别无他法：这个病，治不好。

另外一种众所周知的遗传疾病是囊性纤维性病变，这是欧洲高加索人（白种人）中最常见的可能致死的遗传性疾病。同亨廷顿病不同的是，患有囊性纤维性病变的人即使有一个功能失调的基因，也可能不会有任何症状，因为他们还可以有另一个正常的基因以作补偿。只有当人遗传了两个受损基因时，疾病才会发生。这就意味着，如果父母各有一个变异基因，孩子遗传囊性纤维性病变的可能性为 1/4。如果从父母双方处都遗传到了变异基因，就会罹患囊性纤维性病变，病人将无法制造出某种蛋白质来正常地帮助盐出入细胞。缺乏或缺少这种蛋白质，对许多器官都会产生影响，从而导致一系列症状，如肺部感染后呼吸不畅等。

英国前首相戈登·布朗（Gordon Brown）在 2007 年成为首相之前不久，他家的新生儿弗雷泽被诊断出患有囊性纤维性病变。布朗很少在公众前谈及此事，但是在一次采访中，他谈到了在面临这种困境时任何人都会有的所思所想："我们有时候会说，为什么，为什么，为什么，到底是为什么碰到这样的事？你知道，就是弄不懂为什么会发生在我们身上。"科学无法解释为什么有人会罹患这种疾病，但是人类生物学最了不起的成就是，我们确实能解释为什么人类会出现这些导致疾病的基因变异。

镰状细胞性贫血就是一个很好的例子。这种疾病源于遗传了血红蛋白的突变版本。血红蛋白是一种红细胞中的蛋白质，这种蛋白质会携带氧，然后在身体合适的地方再把氧释放出来。一个血红蛋白基因如果发生改变，会制造出一种变异的蛋白质，即血红蛋白S。如果出现了血红蛋白S，红细胞就会从正常的碟状变成不正常的弯曲的镰刀状，这样的红细胞就很虚弱，小血管中的血液流通就会受到干扰。遗传了一个病变基因的人，身体既会制造出正常的血红蛋白，也会制造出不正常的血红蛋白，这并不会造成危害生命的问题，因为身体中还有足够的正常的血红蛋白来把氧输送到身体各部分。只有一个这样的基因的人只需要在缺氧的环境下，如在高海拔地区，多加注意即可。然而，如果遗传了两个这样的基因，就会罹患镰状细胞性贫血，病人可能会有数个器官衰竭，从而早夭。这种基因变异在撒哈拉以南非洲地区相当常见，如在尼日利亚，大约有1/4的人携带一个血红蛋白S基因。部落和部落之间的情况也不一样，如在乌干达西部的巴姆巴部落，约有45%的人携带有一个血红蛋白S基因。为什么有那么多的人身体中会携带有这样致命的突变基因呢？

你为什么与众不同
——相容性基因

　　为了回答这个问题，我们所要知悉的第一个线索来自携带血红蛋白 S 基因的人所处的地理位置，从疾病分布的情况来看，携带这种基因的人分布的区域，和疟疾的分布区域相似。这符合血红蛋白 S 保护人类不受疟疾的侵扰这一事实。即使在非洲的同一地理区域，血红蛋白 S 在生活于低海拔的人中很常见，但在高原土著居民中相对罕见。在高海拔地区，疟疾不是地方病，因为蚊子不会生活在那么高的地方。事实上，我们知道，因为携带血红蛋白 S 基因造成的镰刀形细胞特征，对于情况严重而复杂的疟疾有 90% 的防护作用，这就是为什么在疟疾肆虐的地区生活的人群中这种突变基因得以保留的原因。

　　所以这种特殊的基因突变能保护人类抵抗一种大病，也就是疟疾，付出的代价是，有些人遗传了两个变异的基因，因此罹患镰状细胞性贫血。也就是说，有一个理由要保持这种基因，以帮助抵抗疟疾；还有一个理由要摆脱这种基因，因为它让人容易得镰状细胞性贫血。所以，这种突变基因在人群中保留的比例，取决于两种疾病威胁程度之间的平衡。在疟疾是地方病的地方，如在西非低地，变异就保存下来了，因为在这个地方有这种变异基因，人类更有可能生育健康的孩子。生活在没有疟疾的地方人群，如非洲的高原，突变基因就非常罕见。简而言之，人类的多样性就是这样产生的。

那我们每个人之间的基因到底有多不同呢？总的来说，人的基因 99.9% 是相同的，只有 0.1% 的基因是不同的。你可能认为我们之间最大的差异是影响我们的发色、眼睛颜色或肤色的基因，但是事实上，人与人之间差异最大的基因根本不会影响到人的外表，差异最大的，其实是免疫系统的基因，尤其是相容性基因。

为什么人与人之间，相容性基因的差异如此之大？为什么你拥有的这些基因如此重要？

最早研究相容性基因的科学家，多赛、范·鲁德、佩恩以及我们在第 1 章提到的那些人，他们考虑的是，我们在相容性基因上的差异是否同疾病相关。当时，动物研究成果给了他们极大的鼓励，因为使用的动物是近亲交配的小鼠，实验得到的数据更容易解释，例如在 1964 年就报道了一个影响颇大的实验，其结果证明，不同的小鼠品系对由病毒引起的一种白血病的易感性不同。而对于人类基因的研究成果，最早的是在 1972 年发布的，在研究一种白血病，也就是霍奇金淋巴瘤时，科学家确定了 HLA 和疾病之间的关系。但是这个研究成果影响不大，因为患有霍奇金淋巴瘤的人，他们拥有某种 HLA 基因的比率只比正常人的略高一点点。

与会导致亨廷顿病、囊性纤维性病变或镰状细胞性贫血的基因不同，HLA 并不是要么全有要么全无的疾病的标志。单个基因导致某种疾病的现象非常少见，大部分疾病原因比较复杂，既与基因有关，也与环境有关。例如，几乎所有的癌症都与特定的基因变异有关，但是拥有某些变异基因不一定就会得癌症。有特定的基因遗传，得相关癌症的概率可能会增加，但是通常情况下，总的来说，得癌症的风险其实都是很小的。同样，遗传的相容性基因会使你更容易患某些疾病，并对某些其他疾病更具抵抗力，但是通常情况下，这种影响只有一点点，并不大。

这样一来，要弄清楚 HLA 和疾病之间的关系就不那么容易了。HLA 具有那么大的多样性，而其影响却微乎其微，那么，如果在一个有某种特定疾病的人群中，某种 HLA 基因异常，这种情况很可能也只是碰巧或是偶然，并不能说明什么问题。也就是说，如果一个研究结果显示，某种 HLA 和某种疾病或特征有关，那么研究者得出的结论，就很有可能会是错误的。要解决这个问题，需要运用一种比做实验要复杂得多的统计分析方法。另一个问题是，即使检测出来有微小的影响，造成这种影响的也不一定就是 HLA 本身，也许是它们附近未知的基因，或者与之有关系的基因。

所以，在哪种 HLA 类型与疾病有关这一点上，科学家们一直很难达成共识。早期的研究人员努力想使每个人相信，HLA 在疾病中扮演着重要的角色。最终，在 1973 年，有两个团体确定，HLA 与疾病之间有着明确的联系，这两个团体一个在美国，一个在英国，他们几乎是同时报告他们的发现的。虽然当时已经有人指出 HLA 与疾病之间存在其他联系，但这两个团体的研究成果更为醒目。

在美国，罗德尼·布鲁斯通（Rodney Bluestone）、保罗·寺崎一郎和他们在加州大学洛杉矶分校（UCLA）的同事发现，88％的强直性脊柱炎病人携带有 HLA-B*27，而在一般人群中，携带有该基因的仅为 8％。强直性脊柱炎是一种自身免疫性疾病，病人的关节，尤其是脊柱，患有炎症。科学家研究该病长达一个世纪，但是在究其病因方面几无进展。奇怪的是，UCLA 团队的这个突破性成就被顶尖医学期刊《柳叶刀》拒绝发表，他们只好把论文发表在《新英格兰医学杂志》上，后来却发现，《柳叶刀》发表了由伦敦威斯敏斯特医院的德里克·布雷沃顿（Derrick Brewerton）领导的团队提交的论文，他们的研究成果，和UCLA团队的十分相似。为什么《柳叶刀》拒绝发表一个团队的研究成果，却接受了另一个团队几乎同样的研究成果呢？原因不明。寺崎一郎认为无论如何，他们都是头一个发现者，证据是，他们在1972年11月的一次学术会议上就已经发表了论文摘要，那个是最早发表的文献。与之相反，布雷沃顿认为两队的竞争不分胜负。对科学而言，两个独立的团队得出同样的结果，其真正价值在于其结果能立刻让人信服，所以，这两项研究结果，毫不含糊地、明确地表明，HLA确实对疾病有所影响。

UCLA团队全身心投入HLA研究已经十多年了，而寺崎一郎是最早研究HLA的科学家，参加了早期的国际会议，并开发了一个已得到广泛使用的检测HLA型的方法。而布雷沃顿的论文，看上去好像是突如其来、无中生有，他是一个临床医生，主攻风湿病，研究HLA的科学家之前从来没有听说过他的名字。在此之前，他对免疫学研究的贡献十分间接：他曾帮助治疗脑卒中的彼得·梅达沃，并且告诉梅达沃他的右边身体恐怕不能恢复如常，他应该学习用左手写字，因此，梅达沃十分愤怒，布雷沃顿就成了出气筒。

　　布雷沃顿对相容性基因的研究始于 1971 年的夏天，他和医院主管组织分类设备的同事一起共进午餐的时候，那位刚刚开会回来的同事说，开会期间，很多人都在热切地讨论 HLA 可能跟疾病有关。布雷沃顿意识到，他应该检测一下强直性脊柱炎患者的 HLA 类型。当时学界已经知道遗传因素对于这个疾病很重要，只是没人知道这个遗传因素到底是什么。布雷沃顿申请研究资金，不幸被拒，不过当时医院要花钱雇人来帮助组织分类，以方便临床医生做科研，布雷沃顿抓住了这个机会。"所以，"布雷沃顿回忆道，"我常常早晨 4 点开始工作，到晚上图书馆关门我才停工。家庭生活完全被搁置。"

　　那为什么说这项发现是相容性基因研究的先锋呢？因为在那个时候，关于基因的想法并不如现在这样已深入我们的文化中，所以虽然医生们知道有些疾病在某些家庭中比较多见，但是并没有认为"找出哪种基因和关节炎有关"是最重要最该优先的研究课题。布雷沃顿检查了 8 名病人，发现他们都携带有 HLA-B*27，这种情况的发生率大约不到百万分之一。他觉得他可能在关节炎研究方面要做出最重要的发现了。

　　布雷沃顿认为，接下来他需要采取一项类似军事化的行

155

动，他要检查 100 名病人以及几个对照组。那时电脑还没有开始得到广泛应用，所以没有病人的数据库可用。他在 37 所医院招募病人，询问那些医生，看他们能否想起适合他的研究的病人。布雷沃顿说："当时所有的一切都是用非常原始的方式做成的。"结果令人震惊，25 名病人中，有 24 名携带有 HLA-B*27，之后的检查中，50 名病人中有 48 人携带这种基因。布雷沃顿欣喜若狂，同时又很害怕，结果太好了，以至于不像是真的。

晚上，他睡不着觉，辗转反侧：如果有某种未知的新型病毒，也许，这样的病毒能导致疾病发生，而且这种新病毒不知道以什么方式干扰了 HLA 检测，害得他们得出错误的数据，让他们误以为是 B* 27 在作祟，那该怎么办？或者如果使用的药物影响了 HLA 测试，导致数据出现偏差，最终让他们抓错了重点？事后来看，当时的这些担忧有点儿过于谨慎。理论上，这些担忧是有理由的，但是已超出了合理怀疑的界限。不过对任何一个尽职尽责的科学家而言，焦虑无法避免，因为他们要一遍又一遍地反复琢磨，看看数据是否有其他的解释，然后才能确定他们的发现是否正确。最后，布雷沃顿想出了一个办法。

他决定检查每位病人近亲的 HLA 类型，因为即使他们没有病，也应该遗传了 B*27。用这种方法，他就能知道检测的 HLA 类型的结果是否正确，实验结果是否只是强直性脊柱炎病人身上发生的怪异现象。布雷沃顿走遍了整个伦敦，挨家串户地收集血样，常常一大清早就出发。他马不停蹄地跑了几个月，一直焦躁不安，直到最后，检测结果显示，病人的家属即使没有生病的症状，也携带有 B*27。布雷沃顿的恐惧疑云就此消散，他确认他的团队已经证明，遗传了 HLA-B*27 的人罹患强直性脊柱炎的可能性，比未携带该基因的人大 300 多倍。论文发表后，布雷沃顿听说了 UCLA 的研究成果，他的反应是失望：他并不是独一无二的发现者。

美国的团队，即布鲁斯通和寺崎一郎，做出了同样的发现，但是方法大相径庭。寺崎一郎于 1929 年出生于洛杉矶的一个贫穷的移民家庭，他的大部分职业生涯都是在 UCLA 度过的，在那里，他于 1964 年确定了一种只需要使用非常少的血样就能检测 HLA 类型的方法。在接下来的几年里，他和他的团队把这种方法自动化，这样一天之内可以做几百次 HLA 的检测，这使他能建立一个雄心勃勃的计划：给数量庞大的病人做实验，搜集各种疾病中 HLA 异常的数据。他和医生罗德尼·布鲁斯通一起检查的一种疾病，是痛风。

为了跟研究痛风所得的数据做比较，他们决定把另一种风湿病，即强直性脊柱炎，也当作研究对象。从对照组得到的数据吸引了他们的注意力，对照组不仅仅只用于对照，其数据的魔力超出了他们的想象，而 B*27 和强直性脊柱炎之间的关系也显露出来。这两个团队都有好运气：寺崎一郎本来是要研究痛风的，强直性脊柱炎只是用来做比对的配角。

寺崎一郎和布雷沃顿的职业生涯在这里碰了个面，之后各奔东西，再无交集。布雷沃顿仍集中精力研究临床，写了一本关于关节炎的书，之后，担任了一个当地竞选团体的主席，以保护苏塞克斯郡他家附近的小海滩。而寺崎一郎在 1984 年成立了一家叫作 One Lambda（安诺伦）的公司，专卖用于组织分类的设备，之后专注于研发 HLA 型和抗体检测产品、实验仪器和相关软件，非常成功，在 2010 年，寺崎一郎捐赠了 5000 万美元给 UCLA。我在 2011 年遇到布雷沃顿时，他已经 87 岁，他说他不再老想着他研究 HLA-B*27 时的事了，那事看上去如此之遥远，好像是发生在别人身上似的。

这两个团队都发现，强直性脊柱炎病人当中有那么多的人携带有 B*27，这一事实固然令人震惊，但是我们同时也必须知道，即使你也携带这个基因，你生病的概率也非常之小。

其他的基因和环境因素同样重要，所以总的来说，去检测自己是否携带 B*27 并没有什么用，因为并不能依据是否携带这个基因，就能预测到是否会罹患强直性脊柱炎。如果出现了症状，即使症状轻微或不明显，检测基因也许对诊断是否患有强直性脊柱炎能有所帮助。所以关于 B*27 的发现的重要性，其实在临床上的影响并不大，在科学研究上才是意义重大，因为这是一块踏脚石，让我们登上了了解 HLA 系统的旅途。

后来，科学家们又发现，携带有 HLA-B*27 的人更易患银屑病（皮肤病）以及葡萄膜炎（眼睛炎症）。这意味着同样的一个相容性基因，可能使人罹患临床上非常不同的各种疾病。然后，在强直性脊柱炎的研究得到爆炸性结果 35 年后，B*27 再次成为人们关注的焦点，有 200 多个不同的研究中心参与的一项里程碑似的研究项目发现，B*27 与获得性免疫缺陷综合征（AIDS）有关，但是这一次，它保护人类抵抗这种疾病。

感染了 HIV 病毒的人发展成 AIDS 的速度不尽相同。在感染后，一般的进程是，病毒在几周内急剧增殖，出现类似流感的症状。大约 4 周后，免疫系统开始降低血液中的病毒数，约 2 个月后达到一个稳定的程度。然后，血液中的病毒数保持一个稳定的水平，这个阶段称为感染的慢性期，在这个阶段，病人看上去根本就没病，但是仍然能感染其他人。再然后，病毒数量增加，病人因此罹患 AIDS，但是这个阶段要花多长时间，不同的病人，情况非常不同。有些病人病程发展很快，而有些病人，即使过了很多年，都不会发展成 AIDS。

有很少的一些幸运儿，大约 1/10 的感染者，能在较长的时间内不会发展成 AIDS，这个时间一般超过 7 年，他们被称为"长期无进展者"。但是还有人更加幸运，约 300 人中有 1 个人，他们的免疫系统能攻击病毒，大大降低病毒的数量，使其低到无法检测出来，他们被称为"HIV 控制者"或"精英控制者"。在和 AIDS 的战斗中，这极少数的一些人拥有基因赐予他们的超能力。

最早把 HLA 基因和 AIDS 抵抗能力联系在一起是在 1996 年，不过这个首次研究所涉及的病人人数不多。当时发现没有发展成 AIDS 的病人中携带有 HLA-B*57 基因的较多。但是在 20 世纪 90 年代，针对这项研究的一种批评声音是，这些数据并没能确定，这种基因，同别的基因相比，和 AIDS 的关系到底有多重要；当然，这种批评也针对了当时所有的 HLA 和疾病关系的研究。现在，所有的基因都可以在具有或不具有特定特征或疾病的许多个体中进行比较。这种方法，即全基因组关联研究（GWAS），揭秘了影响一系列人类特征的基因种类，这些人类特征包括身高、体重指数和血脂水平。首次针对 HIV 的 GWAS 表明，HLA 处或附近的基因组区域与病人血液中病毒水平的高低相关。然后，由马萨诸塞州综合医院的布鲁斯·沃克（Bruce Walker）和哈佛大学的保罗·德·巴克（Paul de Bakker）领导的国际"HIV 控制者"研究，把目标指向了那些发挥重要作用的精准定位基因。

为了这一刻，沃克已经努力了 25 年，早在 1985 年，他就首次提交了研究针对 HIV 的免疫反应的申请。当时，他的申请被拒，委员会的反馈是，HIV 抑制人体的免疫反应，那么去研究人体针对 HIV 的免疫反应又有什么意义呢？然后，阿兰·汤森的研究给了他启发，让他鼓起勇气再次申请科研资金。汤森的研究我们在第 3 章讨论过，即 HLA 蛋白会呈现出来自病毒的蛋白碎片或肽。但是这一次，他的申请再次被拒，同时委员会还给了他一个声明，向他说明了拒绝的理由：沃克博士，你是真没有弄明白为什么你的申请会被拒呀！这是一种免疫抑制疾病，我们之前跟你说过的。

20 年后，来自一对夫妇的 1 亿美元的捐赠，终于令沃克可以自由追逐他的梦想。为了筹集研究 HIV 的资金，1995 年，沃克陪同特里·拉贡（Terry Ragon）去非洲探访 AIDS 病人，这样的旅行他之前也做过几次。拉贡是个慈善家，在 1978 年，他成立了一家提供数据库软件的公司，并因此发财。在沃克和拉贡的非洲行后，沃克提到，他觉得现在的研究都是分散进行的，研究 HIV 不同方面的团队彼此缺乏沟通，所以研究进展很慢。拉贡估计了一下，如果把所有的研究者都集中起来做这项研究，那么大约每年 1000 万美元，需要 10 年，然后决定说，我和我妻子把这笔钱一次性捐给你。

这句话简直让沃克的灵魂都出窍了。

这样一笔巨款，他又有很大的裁决权，拿着这笔钱，简直可以改天换地了。但是没多久，他的兴奋劲儿变成了恐惧，数目如此巨大的款项，也就意味着他要承担巨大的责任。事实上，沃克本人很擅长筹募资金，也已经获得多项慈善捐助，并成立了自己的资助机构。最早的研究来自拉贡研究所，还有与其合作的许多中心，研究的课题就是"HIV 控制者"研究。

在这个规模巨大的研究中，有来自不同种族、平均感染时间为 10 年以上的 3622 名 HIV 感染者，研究人员根据这些感染者是否是"HIV 控制者"来进行分组，也就是说，分组的标准是看感染者在感染后血液中的病毒数是否一直保持低水平。对他们的基因组进行扫描，发现唯一在统计学上特征较强的，是"HIV 控制者"的相容性基因。对该区域基因组进行仔细测序，发现了精准的细节，即携带 HLA-B*57、HLA-B*27 或 HLA-B*14 等基因的感染者，能保护自己免患 AIDS，而携带 HLA-B*35 或 HLA-Cw*07 等基因的，AIDS 进程较快。

较早的时候，就已有研究显示 HLA 基因影响 AIDS 的进程，并发现 B*57 在这方面发挥非常大的作用，但是研究的规模都比较小。通过检查整个人体基因组，研究显示 HLA 基因在人体基因组中影响最大。也就是说，在评估了全基因组后发现，只有相容性基因中的变异才最为关键。所以，这些研究显示，控制移植手术(如肾脏移植手术)成功率的那些基因，同样也决定在感染 HIV 后，病人还能活多久，而这两个方面，乍一看，完全不搭界。

虽然说这些基因能够提供超能力是种夸张的说法，不过话说回来，这些基因具有的这种罕见的能力，能让人逃过令人必死的疾病而存活下来，如果这都不算超能力，什么才算？

你为什么与众不同
——相容性基因

遗传变异并不能让任何人像《X 战警》漫画书中的角色那样飞起来，但真实世界中的基因超能力，能让我们逃过致命的病毒而活下来。

这些基因是怎么做到的？

答案就藏在 HLA 蛋白的工作方法上。回顾一下汤森的实验，那些最初受到辛克纳吉质疑的实验。这些实验显示，HLA 蛋白会呈现细胞内制造的样品，也就是肽，而免疫细胞，即 T 细胞会审视这些肽。由比约克曼、斯特罗明格和威利通过千辛万苦获得的 HLA 蛋白的结构图显示，这些肽会紧附在 HLA 蛋白顶部的凹槽上。事实上，一个细胞表面大约有 10 万个这样的 HLA 蛋白，它们聚集在一起，能完整地呈现细胞内正在制造的物质。而 T 细胞会对 HLA 蛋白的凹槽上的人体内从未出现过的物质发生反应，染病细胞就是这样被揪出来的。

比约克曼绘制的 HLA-A*02 结构图，以及其他团队陆陆续续获得的其他 HLA 蛋白的结构图还显示了另一个杀手铜：为了让 HLA 蛋白发生些微的变异，相容性基因编码也有所不同，这种情况以及 HLA 蛋白的结构图显示，我们的差异并非在蛋白质表面随机定位。有些碎片，如 HLA-A*02 和 HLA-B*27，这两个不同的基因都在分子的顶部，但是一个在肽所在的凹槽内，一个围绕着肽所在的凹槽。这一发现显示，每种不同类型的 HLA 基因所制造的蛋白质，其顶部的凹槽都有些微的差异。

这个发现为什么至关重要？因为这意味着对于每个类型的 HLA 蛋白来说，最适合紧附其上的唯有某种肽，而不是一个细胞所能制造的所有的肽。换句话说，每种类型的 HLA 蛋白会呈现出来的细胞内制造的样品都各有不同。最重要的是，任何特定的肽，如某种特定病毒制造的数量庞大的某种肽，只有某些 HLA 型才适合其紧附其上。所以每个人在检测某种肽的能力方面各有不同，有的强一些，有的弱一些，主要看遗传了何种 HLA 蛋白。

无法抓住某种特定的肽的 HLA 蛋白，会有形状合适的凹槽来抓住别的肽，也许是别的病毒的肽，或同样病毒制造的另外一种肽。任何特定的病毒会编码很多肽，每个肽又能被许多类型的 HLA 蛋白使用。但是这里要考虑的另外一个问题是，肽和 HLA 蛋白结合在一起，特别擅长激发 T 细胞反应。例如，某种肽可能很容易和某种 HLA 蛋白绑定，之后能强力激活合适的 T 细胞。所有这一切的结果是，我们中的一些人在防御特定感染（例如一种病毒）方面，从基因遗传上就比其他人更好。

再回过头来看和 HIV 的战斗。免疫系统在抵抗这种病毒方面尤其艰难，因为病毒本身就有很多变异。一个感染者体内的 HIV 种类，比全世界任何流感季所看到的流感病毒的种类还要多。如果一个人感染了一种 HIV 病毒，只要数日，就会有数目巨大的变异病毒，因为当病毒增殖时，其复制的拷贝都会稍微有所不同。病毒的变异使其能逃脱人体 T 细胞的任何特定攻击。

如我们所知，T 细胞通过识别病毒制造的某种肽来检测出病毒，这就意味着，每一个 T 细胞都会攻击制造出某种肽的所有形式的病毒，但是没有制造这种肽的其他病毒就能逃过一劫，得以存活。如果一种 HIV 肽激活 T 细胞进行攻击，这种病毒就会被消灭，但是还有很多变异版本并不制造这种肽，它们就能得以幸免，逃过 T 细胞的攻击。也就是说，病毒在人体内进化了，被 T 细胞检测到的部分会发生改变，以此来躲避免疫系统的攻击，所以，要想摆脱 HIV 极为困难。

在这种情况下，为什么在抵抗 HIV 方面，有些种类的 HLA 蛋白比别的要厉害些呢？HLA 蛋白能抓住不同的肽，也就是 HIV 病毒制造的蛋白质的片段，但是严格说来，有些肽比较容易被免疫系统检测到，原因有两个：第一，如果病毒制造的蛋白质数量庞大，那么其肽就容易被检测到，因为数量大，T 细胞就比较容易看到，并触发强烈的反应。第二个原因比较微妙，但是实际上更为重要。

虽然病毒会发生变异并生成许多不同的版本，但是病毒中有些部分非常关键，不可改变，若要改变，则病毒无法正常发挥功能。这就意味着，HIV 病毒再如何变异，其中某些部分是不会改变的。因此，如果病毒中这些不可改变的部分制造出肽，这些肽就是免疫系统非常好的标靶。如果免疫系统能检测到这些肽，那么病毒再如何变异，免疫系统也能检测到。

病毒中不可改变的部分制造的肽数量庞大，而一旦某些 HLA 型能抓住这些肽，那么这种 HLA 蛋白就是能抵抗 HIV 的最好的武器。研究最终发现，HLA-B*57 能绑定某种特定的、数量庞大的 HIV 蛋白（称作 GAG，即类特异抗原基因）中不可改变的部分制造出来的肽。这就能解释为什么"HIV 控制者"中有 30%~50% 的人携带有 HLA-B*57，这个比例是普通人群的 5~10 倍。

警告：这项研究仍在进行当中。例如，光是 B*57 抓附某种特定肽，可能并不是"HIV 控制者"不会进展到 AIDS 的唯一方式，但是（几乎肯定）是主要因素。B*27 也是"HIV 控制者"中常见的 HLA 型，不过这种基因变异也是造成强直性脊柱炎的原因之一，这一点是由布雷沃顿和寺崎一郎发现的。也就是说，一种 HLA 型既能帮助我们抵抗某一种疾病，如 HIV，但是同时又可能会使我们罹患另一种疾病，如强直性脊柱炎。B*27 导致了自身免疫性疾病强直性脊柱炎的原因，（几乎能够肯定）是因为它把肽呈现给 T 细胞，但是在这种疾病中，正常的"自我"肽，也就是健康细胞中的蛋白片段，却被误认为是"非我"，从而引发免疫反应，导致自身免疫性疾病。自身的免疫系统犯了个错，攻击了健康的细胞。

但为什么一种特殊类型的 HLA 基因会成为病因呢？没有人知道其真正原因。可能是因为 B*27 非常完美地结合了大量的"自我"肽，所以出现了问题。也或者是，B*27 可能确实绑定了一些真正的"非我"肽，例如来自病毒的肽，并呈现出来，因此激活了 T 细胞，而 T 细胞由此对和病毒肽类似的"自我"肽产生反应，不小心就攻击了未受感染的细胞。尽管我们还不明白 B*27 到底是如何造成强直性脊柱炎的，现在已经有足够的证据表明，总的来说，T 细胞和 HLA 基因在很多自身免疫性疾病中起到非常大的作用。例如，已发现在患有 1 型糖尿病的人群中，大部分携带有名为 HLA-DR*03 和 HLA-DR*04 的两类相容性基因。实际上，基本上所有人类的疾病都受到 HLA 型的影响，包括癌症、感染、自身免疫性疾病，甚至还包括一些神经系统疾病。例如，HLA-B*53 能通过绑定寄生虫制造的某种肽而防范严重的疟疾。还有一些 HLA 基因则和多发性硬化、帕金森病、霍奇金淋巴瘤、炎症性肠病、麻风病、发作性睡病（睡眠障碍嗜睡症）等疾病有关。

通过控制人类对疾病的反应，HLA 影响我们的生活方式、死亡时间以及死亡方式。即使如此，我们需要牢记，即使很多"HIV 精英控制者"有 HLA-B*27，但是光有这个，并不足以使他们在 AIDS 的侵扰下幸存。现在，抵抗 HIV 和其他感染的免疫反应，尚有许多不明之处。而且，无论你继承了何种 HLA 型，到目前为止，最安全的方式就是首先要避免感染。

你为什么与众不同
——相容性基因

相容性基因系统不但能让我们明白，为什么在碰到像艾滋病这样的特定疾病时，有人情况更好，而有人情况更糟。这个系统发挥的作用比这个要大得多。它也在我们所有人之间，在整个人类物种之间发挥作用，因为我们的免疫系统早已进化，把我们当作一个物种来保护，捍卫整个人类，以免受任何可能出现的危险。

如我们所见，这些基因因人而异，而所有人当中，HLA型结合的可能性则数以亿计。当然这种推测也不一定准确，因为有些HLA型更为常见，有些则比较少见，但是无论如何，人类差异已经是十分巨大的了。这就意味着，一个逃脱了某人的HLA检测的病毒，在另一个人体内会碰到不同的HLA型。例如，如果我们都感染了某种致命的病毒，有些人会因为有某种特定的能处理病毒的HLA型而幸存下来。因此，尽管不同的感染一轮轮侵袭过来，影响着那些繁衍不息的人类，但是，人类HLA型的分布也会发生变化。

但是如果人类有更多的HLA基因，基因能抓附的肽数量也更多，那样对抗感染的能力是不是会更强？为什么每个人只有6个一类HLA基因呢？为什么每个人，不像整个人类一样，拥有成千上万个一类基因呢？这样的话，如果一个病

170

毒能成功躲避一种 HLA 型的检测，另一个 HLA 型就能够捉住它。所以，如果一个人拥有成千上万个 HLA 基因，那不是就能捉住所有的病毒，抵抗所有的感染吗？

　　很难通过实验来回答这个问题，但是目前有一个普遍接受的理论，这一系统中，之所以 HLA 型的数量有限，原因就在身体区分"自我"和"非我"的方式。回忆一下前面所说的，如果某 T 细胞会对"自我"发生反应，该 T 细胞就会被杀死在胸腺里。这就意味着，一旦 T 细胞对任何紧附 HLA 蛋白上的"自我"肽发生反应，就会被杀死；而如果 HLA 型太多，被杀死的 T 细胞就会数不胜数，存留下来能够干活的 T 细胞就不够用了。所以，一方面要有足够多的 HLA 以抓附尽可能多的"非我"肽，另一方面，还要允许足够多的 T 细胞存在，以尽可能检测到所有的"非我"肽，这两者之间，需达成一种平衡。或者，从更广义的角度来看，一方面要确保免疫系统不攻击自己的身体，同时免疫系统还要对任何可能的感染做出反应，这两者之间，有一个微妙的平衡需要保证。这种平衡的结果就是，我们的 HLA 型使每个人对不同的疾病，易感性和抵抗力会有所不同。这种情况和使人易患囊性纤维性病症或亨廷顿病的某个基因突变不一样，这些基因影响的是我们对所有疾病的反应。

对相容性基因了解了这么多之后，接下来的问题就是实用层面上的了：我们如何找到新的治疗药物？

新药的研制途径

    大学和制药公司一样，最紧迫的讨论是如何充分利用积累的知识，如何将我们在遗传学和疾病研究中的所见所得，都转化为能够实际运用的医疗成果。目前为止，我们所拥有的最好的药物是疫苗，但是有些疫苗，如抗 HIV 的疫苗，1984 年美国卫生部长就提出要在几年内解决，到现在仍无结果，这一发展历程充分证明，我们还有漫长艰辛的路要走。"HIV 控制者"的发现对疫苗发展是一个鼓舞人心的进展，因为这些人让我们看到，免疫反应至少在合适的情况下还是有可能控制 HIV 的。如果我们能找到和 HLA-B*57 同样有效的其他 HLA 型，那么可能还有更多的人也遗传了那种超能力。

现在并不缺乏想要把知识转化为成果的科学家，目前关于 HIV 的学术会议有差不多 2 万人参加，新闻记者也多达 2000 余人，这样的会议跟"星际迷航"大会没有什么区别，与会者都有同样的激情，主角们都受到同样的爱戴，而且两者都同样由想象力和奇迹点燃。但是科学家和科幻小说最大的区别是，科学家还有一个非常重要的立足于真实世界的目标：制造新药。

有些人，如诺贝尔奖获得者辛克纳吉，认为获得新药的关键在于做实验，实验中每一项都必须尽可能贴近生理学现实：使用动物、真病毒以及在现实中会使用的剂量。其他人，如美国全国卫生研究所的首席科学家罗恩·杰曼（Ron Germain）则认为，这一点固然重要，但是还需采用其他方式，如计算机模拟免疫反应等。麻烦在于，创新相对来说较容易，但是想要有重大突破则非常困难。正如爱因斯坦所说："能够计算出来的并非都是重要的。"我的看法是，既然发现的本质就是之前无人知晓，那么谁又能预测到下一个发现？

事实上，我们现在使用的药物当中，许多都是偶然发现的。抗生素的发现就是一个举世闻名的例子：1928 年 9 月 28 日，亚历山大·弗莱明（Alexander Fleming）注意到一种真菌污染了他的实验样品，杀死了他正在研究的所有的细菌。更近一点的例子是万艾可，本来这种药是作为一种治疗高血压的药物来研究的，谁知科学家发现它可用于预防勃起功能障碍。事实证明，要想系统地把我们的研究转化为直接的医疗用途，十分困难，而且能做到的也十分罕有。体育评论员在谈及不重要或不懂的事情时，会称为"学术性的"，但是新药制造的问题绝对不是"学术性的"，我们的健康，乃至于我们的生存，主要就依赖于我们选择战胜疾病的正确的途径。那么，我们还有新药制造的新途径吗？

一位伟大的科学家埃里克·夏德特（Eric Schadt）认为，有。夏德特名气很大，不仅仅因为他的成就，还因为无论是什么天气、无论在什么场合，他都穿着短裤参加各种会议。夏德特认为，分子生物学虽然揭开了决定人类特征的个人基因方面的谜团，但是在转化为医疗应用方面，虽然科学家都在尽力而为，但是大部分的努力都是白费，所以现在主要的问题在于，我们对于基因和疾病的复杂性，尚未完全掌握。

总的来说，导致疾病风险、决定人类特征的是许多基因，而不只是一个。正如我们所看到的，相容性基因影响了我们对疾病的易感性和抵抗力，但是这些基因并不能完全保护我

175

们免受疾病的侵害，也不会是罹患某种疾病的唯一原因。当然有例外，如亨廷顿病就是由一个基因变异导致的。但是大多数情况要复杂得多，绝不是一种基因导致一种疾病或决定一个特征这么简单。来看看双胞胎患同一种病的概率，就可以估算基因所具有的总效应。知道个人基因的数量固然重要，但是与此相比，对于人类特征和疾病的总的基因风险，目前我们只解出了大约10%的谜底。所以，夏德特说，我们对于基因和疾病的理解，并不完整。

全基因组关联分析（GWAS）研究的工作一直都很出色，识别出了许多重要的基因。但是即使是这样扫描了数千人基因的大型研究也并非就完美无缺。有些结果不那么容易得到，例如有些基因变异太过罕见；有些是出生后做的DNA修改（所谓表观遗传变异）；某种特定基因的拷贝数量可能有所差异等。但是最重要的是基因的相互作用，即一个基因影响另一个基因的情况，这种相互作用，类似于计算机、社交以及金融网络等的互动。并且基因组的变异也难以分析，只有单个基因变异的效果才容易研究出结果。

所以夏德特以及其他一些和他有类似想法的科学家认为，我们的研究方法必须发生巨大的改变，因为大部分疾病都与基因群组的相互作用有关；而且事情比我们想象的更为复杂，因为基因群组之间的相互作用受到饮食习惯、年龄、性别和毒性物质的接触等因素的影响。夏德特一位关系密切的同事、儿科肿瘤病学家斯蒂芬·弗兰德（Stephen Friend）很直白地说："传统的人类疾病研究模式已经成为老古董了。学术界充斥着人们最喜欢的基因研究，而其结果，基本上就是弄出几篇'有影响力'的期刊文章……病人？病人越来越看不到希望。"不久之前，在生理学研究方面的革命是人类全基因组计划，夏德特想要开启下一场革命。

一位科学家采用某一种特定的方法来做研究，这背后总有他个人的原因。夏德特的几近于无政府主义的研究态度，以及抵抗一切非议的能力，毫无疑问是在他生命早期无数次抗争中培养而成的。他父母都是基督徒，养育了他和他的6个兄弟姐妹，认为世俗教育毫无价值。他父母不愿意他去读大学，他就只好加入了空军。有一次他在攀岩时发生了事故，肩膀活动功能受到了极大的影响，不得不改变在军队里担任的职责。因为夏德特在各种能力测试中表现优秀，在1986年19岁的时候，去读了大学。在部队中，消耗体力是夏德特释放自我的方式，到了大学后，思想和学术问题成了一种新的自由之源。因为他是在宗教环境中长大成人的，所以他的思想集中在大问题上，如万物是如何联系在一起的，世界运行的原理是什么；而且他对数学和哲学逻辑尤感兴趣。但是由于夏德特坚持要完成大学教育，他父亲认为他肯定是被魔鬼附了身，让他永远不要回家。

夏德特一方面跟家人关系不睦；另一方面，他在军队里待得不开心，一心想逃离军队，而且军队在为他的大学教育支付费用，并且要求他毕业后重回军队。他于 1999 年在 UCLA 拿到博士学位，之前，他就已经在医药巨头瑞士罗氏（Roche）开始工作了。那时大规模基因研究还是个相当新颖的新事物，罗氏当时正在使用一种特别的程序来分析基因数据，用的机器是从别家公司，也就是美国的昂飞公司（Affymetrix）购买的。昂飞公司不允许别人看用于分析基因数据的计算机代码，夏德特对此甚为不满，因为没有计算机代码，他就没法为了满足特别需求而对程序作出调整，所以一怒之下他亲自动手，写了新的程序。这一举动令他在罗氏公司名声大噪。但是他厌倦开不完的公司会议，决定到位于西雅图的一家小型初创公司就职。然而，在 1999 年 11 月，夏德特离开罗氏前的一周，事情突然发生变故，他碰到了大麻烦。

　　麻烦的第一个迹象是，夏德特试图远程登入办公室的电脑，结果登不上。他打电话给他的妻子，让她去办公室检查一下，也许是不小心给关机了呢？他妻子去了办公室，发现所有的东西都消失不见了。有人把他的东西都拿走了。有人告诉罗氏总裁说，夏德特直接根据别的公司（昂飞公司）的软件写出了自己的代码，这个是非法的，也许之后会给罗氏公司带来大麻烦。夏德特知道自己是无辜的，但是他的一个律师跟他非常直截了当地说，这与事实无关，很多无辜的人都进了监狱。

　　1999 年的圣诞夜，夏德特带着他的两个孩子去购买圣诞礼物，其间接到他妻子打来的电话，说刚有人致电给她，那人说需要立刻跟他通话。夏德特从来没有听说过这个人，所以没有回电，而是继续和孩子一起购物。但是神秘的致电人再次打通电话，这一次，那人申明自己是 FBI（美国联邦调查局）的人。夏德特陷入恐慌。FBI 找他干嘛？要不这人是冒牌 FBI？夏德特既疲倦又害怕，甚至萌发了一个念头：昂飞公司可能雇了个杀手要干掉他。

　　夏德特回到家，发现房子外的路上停了一辆黑车，车上等着他的，真的是 FBI 探员。夏德特被指控携带据称是非法的计算机代码去了这家初创公司。之后的几个月，他简直生活在噩梦中，见过无数的律师。其中有一位律师，夏德特花了 3 天的时间把计算机代码从头到尾给他过了一遍，律师似乎是听懂了，但是最后，律师彬彬有礼地问算法和对数是不是差不多。这两者毫无关系，虽然两个词看上去很容易混淆。

终于，夏德特找到了懂计算机代码的律师，最后，各种证据也表明他是独立写出代码的。夏德特成了学术界的英雄，因为他写代码的目的，就是为了更好地做科研，而且他推翻的是大公司的程序，自己单枪匹马做出了更好的程序。再然后，突然，夏德特的父母打电话给他，欢迎他再次回到家里。原来他父母在参加一个基督教会议时，某人的发言触动了他们的心弦，引导他们去做了心理辅导。现在，他们公开为儿子的成功表示祝贺。

夏德特经历了多场战斗，同他的家庭、同军队、同昂飞公司以及美国司法制度，这一切为他在新的真正的战场上做好了准备：去确定一种新的医学研究的方法。不管是有意还是无意，夏德特总是穿短裤这件事，都是在提醒别人他工作起来有多专注：完全没时间考虑诸如穿什么衣服这么无聊的事情。不过，他在 2008 年来拜访我的时候，事先写了一封电子邮件问我，他穿短裤来访是否可以；或者也许在吃晚餐的时候，是否应该穿别的服装。和许多成功的革命者一样，他在需要的时候，是能遵循世人风俗的，毕竟，他在空军受过训。

夏德特和他的同事们认为，把知识转换为药物所碰到的问题在于，我们的努力过于简单化了，我们天真地认为，找到一个致病基因或致病蛋白，然后就能找到一种解决这个问题的药物。这种研究模式之所以无法避免，也许是因为我们大脑的思维模式是"某因导致某果"，或者因为"一种疾病，一个基因，一种疗法"这种口号比较容易直截了当地揽到投资商吧。但是现在新药发展的道路基本上堵死了，因为如果不掌握这一整套复杂的系统，就无法了解一种药物对复杂精密的人体到底会产生什么作用。

例如，任何新药的副作用一般只有在临床试验阶段才能看得出来。事先预测，实在是太难了。事实上，据估计，大约有90%的药物因为出现未曾预料到的副作用而无法上市，而之所以出现这种情况，就是因为人体十分复杂，人体内部各种因素紧密关联。大部分生命进程并不是直线性发展的，这一事实让大部分科学家陷入绝望。而这里，夏德特提出了一个高招：接受现实，接受这种复杂性，确定一种全新的研究方法。

当然，夏德特所谓的"基因以一种复杂的方式进行相互作用"的观点本身并不新鲜。彼得·梅达沃于 1959 年在 BBC 电台讲座时就已提出，"目前我们看到的遗传的形式遵循着相当简单的规则，但是，这并不是整个遗传的代表性样本"。新鲜的是夏德特和他的志同道合的同行正在做的，那就是确定一种应对这种复杂性的新方法。他们说，这一次这种方法很成熟，能够引导我们穿越基因相互作用的迷雾，到达医疗实用的彼岸。科学已经把人分解成基因和各种组成成分，现在，让我们来看看这些元素又是如何组合成人的。

夏德特和他的同行们认为，现在科学家需要做的，是重组和疾病相关、引发特征的基因相互作用的基础网络，因此，我们可以给 DNA 排序、检查细胞的功能、测量疾病标记，如含糖量以及血液中的胰岛素含量，等等，简而言之，从数量巨大的人群中获取大量的各种信息，最终找到哪个基因组会影响疾病发生，或决定人体特征。

问题在于，即使只有 10 个基因，基因之间可能发生的相互作用也有大约 10^{18} 种模式（1 后面加 18 个 0）。当然，并不是每个人都有 10 个基因，事实上，每个人有 25 000 个！光是 1000 人的基因排序的原始数据就达 10^{12} 位数。所以很明显，在分析所有这些信息方面，计算机是主角，这个工作，绝对不是一位狂躁的、披着实验室工作服的人把细胞和化学物质混合在一起就能做到的事。这里需要的是精通多门学科、拥有多项才能的团队，团队中要有计算机人才，这些人似乎跟正在研究的生物学进程毫无关系，他们只需要思考抽象的各种算法。天文学、气候变化和粒子物理学早已成为计算密集型科学，现在，轮到人类健康研究了。

但是在我们全心全意赞成这个想法之前，还是先来回顾一下某个有警示意义的寓言吧：阿根廷作家豪尔赫·路易斯·博尔赫斯（Jorge Luis Borges）讲过一则故事：曾经有一个帝国，在那里，最受尊敬的是制图技艺。描绘帝国的旧地图似乎还有瑕疵，制图师协会决定着手描绘一幅真正完美的新地图。这个终极目标，是把整个王国的每一处都完美描绘出来，一点都不漏掉，这就意味着要制的地图得和帝国同样大。这些最伟大的制图师终于完成了他们的巨著，所绘制的地图准确地描绘了整个帝国的每一个角落，但结果却是，这张地图毫无价值。因此完美的地图最终被弃置，接下来的一代又一代，越来越不把这幅地图当回事了。博尔赫斯说："到现在，在西方的沙漠，到处都是那张地图破碎的残片，动物和乞丐混居其间；而在大陆的其他地方，再也见不着地图的痕迹。"同样，如果要完整又准确地模拟在不同健康状况下的人体状况，确实志向远大，但是也许毫无价值，因为所得的结果，会和人体一样既复杂又让人琢磨不透。

但是夏德特和他的同事们并不在意，因为他们并不是要重建一个人体。他们认为，目前我们对人体的描图太过简单，而弄清楚基因之间的相互作用，对创造新药而言，是一种必要的对更深的细节的探究。2001年，医药巨头默克公司（Merck）也萌生同样的想法，他们花了6.2亿美元购买了夏德特工作的初创公司。夏德特的计划是把传统的实验室实验方式和高水平计算机分析结合起来。这在学术环境下比较困难，但是在默克公司，他可以用制药行业运行最快的超级计算机。

夏德特的生物实验室的工作就是确定小鼠在健康和生病的不同情况下，体内的哪些基因发挥作用，哪些基因保持静默。他的计算机团队则利用这些信息，通过估算哪些基因同时增加活动，哪些基因同时减少活动，来确定哪些基因是相互关联着的。然后他们观察有肥胖病、糖尿病或动脉硬化特征的小鼠，比较其基因活动网络如何发生改变。把传统的基因分析和高水平计算机分析结合起来，这种复杂而迭代的过程，让夏德特和他的同事们能计算出基因联系的概率，并为疾病相关特征确定因果关系。

就这样，他们发现了新的基因网络和子网络，及其连接、边缘和集线器——这些术语更常用于描述电路。他们揭示了一个相互关联的基因群组，正是这个基因群组决定一系列的特征，如胰岛素、葡萄糖、脂肪和胆固醇等的水平，而以上每个都可能导致健康出现问题或者引发疾病。他们能确定每个基因线路中充当节点或集线器的最重要的单个基因或蛋白质，而这些结果，使默克公司找到了医药发展的新线索。

2008 年，夏德特的成功刚刚显形，默克公司就宣布他们需要裁员 7200 人。当时许多制药巨头都在绞尽脑汁上新药，而根据夏德特的分析要发展的新药还只是处于研发阶段，默克公司的收入在一个季度内下降了 1/3，所以裁员不可避免。那一年早些时候，默克公司还花了 5800 万美元来解决争端，因为据说他们生产的用于治疗关节炎的阻断药物万络（Vioxx）使心脏病的风险增加。公司受到指控，说他们在宣传药物时不负责任，据报道，他们还需 40 亿美元来应付未来可能出现的更多的诉讼。由于公司裁员和重建，夏德特工作的西雅图基地被关闭,有些员工不得不搬迁到位于东海岸的研究基地。夏德特和他亲密的工作伙伴弗兰德不想搬迁,所以离开默克公司,同时带走了他们伟大的构想,只是,超快速度的计算机他们没法带走。

人人都知道,计算机科技的发展十分迅猛,但生物数据的扩展也绝不逊色。夏德特的数据集已十分巨大,微软 Excel 表格的电子数据表极限是 1 048 576 行和 16 384 列,但是已经装不下夏德特的数据。没有高速运转的计算机,夏德特的研究就无法继续下去。幸运的是,即使离开默克公司,夏德特他们还是能找到新的机会,有些公司,如亚马逊、谷歌和微软都为他们提供对其计算基础架构的按需访问。这些公司给他们服务的价格,相对来说都比较便宜。

夏德特和弗兰德一起继续他们的研究。他们利用慈善基金和其他资金,建立了一家非营利性组织,赛智生物网络(Sage Bionetworks)。他们现在的目标是,创建一个关于人类基因、新陈代谢和疾病等信息的共同信息库,在这个基础上,确定并分享生物网络信息,并由此更快速地创建并检测新药。这个伟大的想法具体而言就是,因为人类整体有足够多的遗传变异,如果我们收集足够多的人体信息,人类的基因和特征就能得到分析，就如同夏德特分析小鼠一样，从而进一步发现引发人类疾病的基因网络。他们认为这种方法意味着：首先，科学家们要抛开许多传统的医学教科书，因为导致疾病发生的，并非单个基因，而是基因网络。其次，要免除资金申请和论文发表的周期。再次，以团队工作替代个人英雄主义。要解决这么复杂的问题，不仅需要个人的努力，也必须有团队合作，而团队精神，则贯穿了相容性基因发展史的始终：回忆一下早期的英雄们，多赛、范·鲁德、佩恩和他的同事们，他们聚集在一起，召开各种国际研讨会，开始了对人类相容性基因的研究。这种早期的合作（国际研讨会是从 1964 年开始的），使得科学家成功发现了人类基因的多样性。而现在，像夏德特这样的研究者认为，是时候开始新一轮的国际团队合作了，将各个团队重新组合在一起，共同研究基因网络是如何引发复杂的人体生物机制的。

无人能确定生物复杂性分析到底能有什么样的成果，而当我们到达更高层次的水平，俯瞰构成人体的分子，我们又将了解到什么。这种方式，有没有可能帮助我们了解人性的方方面面，而在之前，只有哲学和神学才能涉及。英国的大拉比乔纳森·萨克斯（Jonathon Sacks）认为，科学对万物的解释只能到达某一个点，无法解释一切。许多其他宗教的领导人也都这么认为。萨克斯说人类有能力去做两件事情，而这两件事情截然不同，"一是有能力将事物分解为组成部分，了解这些组成部分是如何相互作用的；二是有能力把事情联系起来，形成新的故事，把人联系起来，形成关系。最好的例子，前者是科学，后者是宗教"。

但是当我们正面去解决复杂问题时，按照夏德特和那些抱有相同想法的生物学家的设想，在基因网络和人体特征的分析方面，我们可能可以"把事情联系起来"，去建立更完整的人性图景。那么，在 21 世纪，科学在"把事情联系起来"这方面是否取得成功，将决定是宗教可能会越来越受欢迎，还是无神论可能会不断传播。科学家接下来要采取的这几个步骤，可能会产生广泛的社会影响。但是对夏德特来说，新药乃当务之急，而如何解决疾病，是一场激烈的辩论，其强度不亚于科学与宗教之争，因为对人类基因、特征和疾病的所有变异进行复杂分析并不是摆在桌面上唯一的选择。

另一派人认为，我们应该把精力集中在寻找那些会引发疾病极端版本的罕见的基因上。这一派的支持者们说，这样能更好地标示新药的研究方向，因为这些罕见的基因变异只有极少数人才有，而且对携带有这些基因的人影响巨大，所以，有关这些基因的知识能显示出基因的哪些相互作用对该疾病十分重要，甚至对那些并没有携带这种罕见的变异基因的人的身体功能也有启示作用。这里有一个非常有说服力的例子，在对一群有幸能抵抗 HIV 的人群中，一个非常罕见的变异基因对这些人有极其重大的影响，而影响的方式，同"HIV 控制者"不同。

20 世纪 80 年代早期，验血筛查 HIV 尚未成为常规操作手续，有些血友病病人无意间输入了含有 HIV 病毒的血液。许多人死了，但是有极少数的人，虽然好几次验血都是 HIV 阳性，但是一直都没有发展成 AIDS。这种错误导致了悲剧，然而也让人发现，有些人在基因上具有超能力。

一些对于病毒所做的基础研究——具体而言，关于病毒是如何侵入身体细胞的研究——显示基因变异提供了这种超能力。HIV 病毒比人体细胞小，在进入人体细胞前，它会附着在人体细胞表面的蛋白质上。1996 年，几个团队分别提交他们的研究成果，认为 HIV 附着的位于细胞表面上的蛋白质是 CCR5。没多久，又发现有些人的 CCR5 的基因有变异形式，有一小片 DNA 遗失。遗传了两套这样的变异基因（来自父母各一套）无法制造正常的 CCR5 蛋白，这样的人，体内细

胞就不会感染常见的 HIV-1，因为这种病毒要抓附在 CCR5
蛋白上，才能进入人体细胞。1996 年，针对 HIV 易感人群的
追踪研究发现，有两套这种变异基因的人不会患 AIDS。这种
新的超能力，也就是让有些血友病病人抵抗 HIV 感染的能力，
就是有两套变异 CCR5 基因。

为了弄清楚这些不同的结果之间到底有什么关系，专攻
"HIV 控制者"的研究希望发现，到底是什么让有些人在感
染 HIV 后，不会发展成 AIDS。这里，相容性基因曾经是最
大的因素，这些基因影响了人在感染病毒后抵抗疾病的程度。
另一方面，血友病的研究显示，CCR5 的一种变异形式能在
第一阶段就阻止病毒侵入细胞，以此保护人们不受感染。

CCR5 的例子显示，发现一种罕见的基因变异，确实能
暴露病毒脆弱的一面，在这种情况下，脆弱的一面即是病毒
侵入细胞的方式。这种变异确实十分罕见，欧洲人中大约只
有 1% 的人缺失 CCR5，而非洲人和亚洲人当中，几乎没有。
但是这种罕见的变异显示，病毒在感染人类的方式上有其软
肋。因此，许多药物的作用放在阻止病毒侵入细胞这一方面。
已经开发出来的药物，其效用就是充当 HIV 对接位点的诱饵，
或者直接阻断病毒用来抓附细胞的蛋白质。未来，还可能编

辑人类基因，增添一个无功能的 CCR5 版本。在理论上，还可以在治疗 AIDS 病人时，分离出他们的干细胞，关闭细胞中的 CCR5 基因，再输回体内。这样，人们就能如那些极少数的特殊的血友病病人一样，对 HIV 产生抵抗力。

　　有一个人的故事可能是最具戏剧性的，由此可见人的气运变化之离奇。病人的名字应要求没有透露，而他身上发生的事，也有可能发生在别人身上。故事的开始是一个不幸的消息，这位病人感染了 HIV。在使用标准的抗反转录病毒治疗药物对其进行治疗时，他又被诊断患有癌症，确切地说，是患有急性髓性白血病，当时他 40 岁。为了治疗癌症，他接受了化疗，之后又需要干细胞移植来替换他有癌的细胞。当时他的治疗团队没有选择和他相容性基因匹配的捐赠者的干细胞，而是选择了一位携带有保护免受人类免疫缺陷病毒感染的遗传变体的捐赠者，也就是说，这位捐赠者有两套变异的 CCR5 基因。令人难以置信、但同时又符合我们前面讨论的情况的是，这位既患有癌症又有 AIDS 的病人，干细胞移植手术之后，癌症没有了，AIDS 也没有了。一次机智的干细胞移植，把这位病人从两种致命的疾病中挽救过来。

　　所以，到底哪个是了解疾病的最佳途径呢？是寻找类似于 CCR5 这样的罕见的变异基因，还是筛选常见的基因差异，如有益的相容性基因？答案是，两种都很重要。也因此，资助机构和慈善家毫不吝啬，把钱投向各种不同的研究方向，毕竟，谁也不知道接下去做什么才是最好的选择。

遗传复杂性也为完善医学提供了完全不同的途径。每个人对任何特定感染的反应不同，同样，每个人对任何特定药物做出的反应也不相同。所以，医生们要充分考虑人的个性，同时考虑人的复杂性，在给药方面，要根据不同的基因需求进行个性化管理。同时，考虑到人类的相容性基因极为多样，医生似乎也需要考虑一下，是否有可能通过基因来预测某种药物是否有效，或者副作用会有多大，等等。目前，HIV 药物研制方面有一个已证明有效的例子，即抗 HIV 药阿巴卡韦。

阿巴卡韦是一种强效抗 HIV 药物，但是有 2%~8% 的病人服用该药后会有很大的副作用，如皮疹、发热、胃痛和呼吸障碍等。这种情况下只能停止用药，因为病人病情会恶化，甚至可能有生命危险。但是在 2002 年出现了引人注目的研究成果，两个研究团队分别发现，携带有某个特定相容性基因的病人在服用此药时副作用很大。其他的团队随后的研究也证实了这一点，并确定这种相容性基因是 B*57，更确切地说，是 B*57 的某个特定变体。

如我们前面所说，不同的一类相容性基因分为 A、B 和 C，每一个又有不同的版本，依数字命名，如 B*57。但是还有些变体，相互之间非常相似，给这些版本命名时，再附加数字，如 B*57:01，B*57:02，B*57:03 等，这些"子类型"在相容性基因研究的早期并不为人知晓，只有用现代的基因分析才比较容易区分开来。重点来了，携带有 B*57:01 而不是与之非常类似的 B*57:02 或 B*57:03 的病人，才会对阿巴卡韦有强烈的反应。

科学家们做了一个双盲、随机的临床试验，以检测通过筛选携带有 B*57:01 的病人，是否能预测谁会碰到强烈的副作用。病人分为两组，一组中，携带有 B*57:01 的病人不服用阿巴卡韦，其他的病人服用；另一组，所有的病人均按正常的临床治疗方案服用阿巴卡韦。结果是，筛选组有副作用的病人人数大幅减少。所以，HLA 型的信息可以用来减少服药产生副作用的比例。

大部分人会接受医生的要求去做基因检查，以确保所服用的药物不会对自己产生很大的副作用，但是回到药物本身，为什么携带有 B*57:01 的病人在服用抗反转录病毒药物时会有副作用呢？这就要说回到 HLA 蛋白的能力了。HLA 蛋白会把细胞内制造的样品（即肽）放在表面，以接受免疫细胞的检查。有 B*57:01 的病人在服用阿巴卡韦时，其细胞会引发免疫细胞，特别是 T 细胞的杀戮机制。没人知道这是如何发生的。也许是药物会触发细胞制造新肽，或改变已有的肽，这样就有可能被免疫系统测定为"非我"。无论细节如何，B*57:01 会激活免疫细胞，从而使阿巴卡韦对人体产生副作用，损害身体健康。

令人震惊的是，同样的 HLA 变体，即 B*57，既能抵抗 HIV，同时也能预测抗反转录病毒药物对哪些病人有副作用。虽然不像是巧合，但是也有可能就是巧合。B*57 之所以对阿巴卡韦敏感，之所以能控制 HIV 感染，两种情况下，皆有一个相同的事实，即 B*57 会把肽呈现给 T 细胞进行检测，除此之外，还有没有别的因素影响，目前尚不得而知。HIV 病毒本身并不会导致阿巴卡韦的副作用；即使没有 HIV 感染，该药也会引发免疫反应。而且，只有一种 B*57 的子类型，即 B*57:01 会引发阿巴卡韦的副作用，而其他的 HLA 型也能启动有力的抗 HIV 作用，如 B*27、B*14，以及与 B*57:01 极为相似的 B*57:03。

　　HLA 型和阿巴卡韦的副作用之间的关系能够解释为什么非洲裔或亚洲裔的人在服用阿巴卡韦时没有什么副作用。HLA 型在人群中分布并不均衡，人类的遗传也不是随机从基因库中攫取的。HLA 型受到祖先所感染的疾病的影响，也受到最早居住地的影响。人类在地球上居住以及迁徙的宏伟历史已经写在了 HLA 基因的多样性上。因此，非洲人和亚洲人很少携带有 B*57:01，所以一般来说，服用阿巴卡韦也没有什么问题。

　　继续探寻，我们可以发现更多令人迷醉的事实。大约 15 万年前，所有的现代人类都住在非洲。支持这一观点的证据来自对基因的研究，在 20 世纪 80—90 年代，科学家们对线粒体（细胞制造能量的部分）以及在男性特有的 Y 染色体上的 DNA 进行了研究。人类基因组的这两个部分十分特别，因为它们不是从父母双方那里遗传的，而是只来自父母中的一个。Y 染色体由父亲遗传给儿子，而线粒体中的 DNA 则遗传自母亲。所以 DNA 中的这些部分，相对来说遗传的方式较为简单，也最容易分析祖先来源。1987 年，人类起源于非洲的看法获得了基因研究的支持，当时，对许多人的线粒体 DNA 的分析显示，这些人都来源于一名生活在 20 万年前非洲的女性。更近一点的证据，则是针对基因组的复合性分析，该分析证实，居住在各大洲的人类最初都是从非洲走出来的，而考古学和人类学的研究已经塑造出古人类迁徙的复杂的模型。

具体最早人类居住在非洲的什么地方，以及最早成功地迁徙到何处，这个还不能确定，不同的学者有不同的看法，但是人们一般认为，大约在10万年前，有些人成功地离开了非洲。大约5万年前，有些人抵达欧洲，还有些人大约在2万年前到达美洲。跟相容性基因的故事很有关系的，是相对来说规模较小的人群抵达了其他新的领地。例如，有人认为，大约有数百或数千的现代人穿过了东非的红海，最终到了也门和沙特阿拉伯。之后，这些开拓者们适应当地环境，尤其是为了适应气候变化、当地食物以及应对不同的感染，自然选择法则对这些开拓者的基因库产生了影响。

基因分析表明，相容性基因的某些变体可能来自走出非洲的祖先曾和史前古人尼安德特人①（Neanderthals）和丹尼

———————

① 尼安德特人：是一群生存在旧石器时代的史前人类，是否为独立物种还是智人的亚种，一直不能确定。2010年的研究发现，部分现代人是其混血后代，所以可能会归类于智人下的一个亚种。

索瓦人① (Denisovans) 发生过融合。通过不同人种的杂交繁殖，从而将 HLA 变体引入现代人类，这种可能性非常重要，能帮助现代人抵抗当地疾病的侵扰。所有这些加起来，从人类迁徙到杂交繁殖，奠定了当前基因遗传的地理特性。

因此，非洲在相容性基因方面，其多样性是最大的。在这片大陆上，基因和不同的语言之间关系非常紧密，因为人类在过去 15000 年间，在非洲的土地上不断迁徙，这对语言和基因都产生了非常重要的影响。在全球，相容性基因的多样性与同非洲的距离有一定的关系，离开非洲越远，基因变异性越小，因为迁徙到新地区后，当地人就只是一群移民的后裔。

在某些人群中，HLA 的多样性尤其受到限制。例如，美洲的土著居民，他们基因的多样性就极为有限，大约是因为他们的祖先是特定的一群搬迁至美洲的人，人数不多。相对较近的时间段内，这些美洲印第安人中出现了崭新的 HLA-B 的变体。例如，在巴西南部的康甘族和瓜拉里族以及厄瓜多

---

① 丹尼索瓦人：是人属内一个已经灭绝、经由古人类化石的 DNA 所发现的人种。丹尼索瓦人依靠双腿行走，但是身体构造与同属人属的现代人和尼安德特人有所不同，与尼安德特人是姐妹群关系。

尔的瓦尔拉里人中，发现了一种截然不同的 HLA-B 变体。这些 HLA-B 的变异版本很可能能帮助当地人群抵抗某些特定的感染，其影响对于 HLA 变异相对有限的人群来说，可能尤其重要。在一些现在离群索居但有同样祖先的人群中，也发现了一些罕见的相容性基因，如 B*48，这种变体在爱斯基摩人和某些北美印第安人中比例较高，但是在其他人群中非常罕见。

人类相容性基因的组合也有地理特性，也就是说，某些地方的人群中许多 HLA 基因同时存在的情况比单独出现的频率要高。例如，基因 A*01 和 B*08，A*03 和 B*07，这两组基因在高加索人体内的频率比偶发频率要高。一幅欧洲的 HLA 型和 HLA 型组合的地理特性的地图，显示其范围符合阿尔卑斯山的走向，这基本上可以反映，山峦走向成了一道屏障，在早期隔绝了这个地区基因的流动。

总的来说，目前 HLA 型的世界分布是人类在对抗感染和迁徙的过程中自然选择的结果。这表明，宏观来说，人类居住地和人类对疾病的易感性和抵抗性密切相关，甚至同人类对于药物的敏感性和耐受性也密切相关。

当然，现在，很多地方都成了国际大都市，而在英国，用于移植匹配的数据库能确切地展示人类的多样性。令人惊奇的是，英国境内 268 000 人中，有 119 000 种不同的相容性基因的组合。这个数字实际上低估了人类多样性的真实水平，因为这个分析使用的基因分类标准较低。即使如此，一个人的基因组合都可以达到 84 000 种。单个相容性基因出现的频率可能相对较高，但是完整基因组就非常个性化了，在这个分析中，大约有 1/3 的人其相容性基因组是独一无二，和别人完全不一样的。

在预测哪种药物治疗何种疾病更有效方面，相容性基因到底起着多么重要的作用，这一点现在虽然还没有完全弄清楚，但是 HIV、阿巴卡韦和 HLA-B*57:01 恐怕不会是个罕见的例子。如果我们继续探求疾病的复杂性，很可能会发现更多的例子。相容性基因可能与我们对疫苗的反应也有关系，如常用的流感疫苗、脊髓灰质炎疫苗、麻疹疫苗和风疹疫苗等。所以研究二类基因的多样性也很重要，因为这些基因编码了在特定免疫细胞上发现的 HLA 蛋白，使其激活免疫反应，从而使疫苗发挥作用。针对特定人群的特种疫苗接种可能会特别有效，不过事实上，到底是什么决定在感染或注射疫苗后人体保持免疫状况的时间长短，这个问题尚未明确。

你为什么与众不同
——相容性基因

　　当然，不仅仅是相容性基因会影响到我们对药物的反应。一种用来治疗淋巴癌的药物，利妥昔单抗（Rituximab），对有些人群最为有效，这些人群的免疫系统中有一个特别版本的基因。实际上，癌症是针对个体基因定制治疗方案的首选疾病。如，骨髓瘤是骨髓中免疫细胞的癌症，目前仍无法治愈。由于研制出了新药，预期寿命在过去十年内有所提高，但是药物的治疗效果对病人并非一致。全世界干细胞移植的治疗方案都不尽相同，手术时间、药物组合和药物剂量，不同的病人得到的治疗方案都大相径庭。很多治疗方案都因治疗对象的不同而临时调整。许多癌症的治疗方案都因人而异，并没有统一的标准。

　　科学家已经分析了许多骨髓瘤病人的基因构成，发现并没有单个基因因子导致这种癌症。事实上，平均来说，每一个骨髓瘤细胞中含有十多个和正常细胞不同的基因。有些变异比较常见，这些常见的变异中有些是在成瘤过程中发生的，目前已有药物针对这些变异基因。现在，针对骨髓瘤的研究为药物研发提供了新的机遇。是的，虽然基因组合十分复杂，但是并不可能让我们无路可走，科学家总能通过研究找到新的解决途径。医生会对肿瘤进行基因分析并对症下药，而不用为了避免药物的副作用，把时间浪费在反复尝试来检验药物的效果上。这样，即使我们没有完全弄清楚基因变异组合是如何导致细胞生癌的，但是至少我们知道致病因素很复杂，我们需要改进治疗方案。

当然这只是一个看法，还需临床证实。现在有很多临床医生和科学家支持把这种个性化的医疗在不久的将来变成现实。现在，基因分析的技术每年改善了大约 4 倍，如果这种趋势保持下去的话，我们在 2016 年应该能完成对 100 万人的基因组测序，这将提供足够大的数据库来验证各种特定的基因诊断。不过仍然有一个问题：这个目标不一定能够达成，因为肿瘤细胞本身也种类繁多，差异巨大，即使在一个病人身体内的肿瘤细胞，也可能各自不同。而且即使是同一个病人，体内不同的癌细胞在药物敏感性方面也可能有所不同。这种情况同 HIV 相似，敌人变化多端，也就更难击败。

病毒和肿瘤还能给我们制造另一个麻烦：它们试图阻止相容性基因工作，以这种方式来摧毁我们的防御系统；而免疫系统通过检查相容性基因是否受到干预来反击疾病。这又涉及相容性基因的另外一个功能、看待免疫系统的另一种方式，以及另外一套也同样极端多样的免疫基因。事实上，在多样性方面，这种即将露面的免疫基因仅次于相容性基因。

这些新角色，由新一代科学家们经过千辛万苦不断研究才发掘出来的新角色，向我们展示，相容性基因的工作方式可能跟我们前面提到的截然相反。

让我们屏住呼吸，迎接新角色闪亮登场。

缺失的"自我"

　　卡拉斯·凯瑞（Klas Kärre）虽然后来荣任诺贝尔生理学或医学奖委员会的主席，但是在 1981 年他写博士论文时，还是个不那么自信的学子。写到论文最后一章做总结时，发现有些数据好像跟当时流行的有关免疫系统工作方法的观点不太一致，这让他迷惑不解，也让他颇为头疼，花了好多时间琢磨这个问题。按凯瑞的博导罗尔夫·基斯林（Rolf Kiessling）所说，凯瑞当时是一个说话温和、善于辩论又有点心不在焉的年轻人。还有一些别的人也碰到了这种情况，数据和理论不符，但是他们并没有把这个当成大事。由此可见，一般的科学家和伟大的科学家之间确实有区别：伟大的科学家在遇到自己的发现和当前流行的理论不符时，他们会清醒而冷静，对真相孜孜以求。如伦纳德·科恩[①]（Leonard Cohen）所唱的那样："一切皆有裂缝，光由此洒入。"

这一次，又是移植实验起到了决定性的作用。前面我们曾提过，如果移植的器官含有的蛋白质被检测为"非我"，就会导致免疫攻击，移植的器官就会受到排斥。但是这个规则也有个例外，早在 20 世纪 50 年代，在美国缅因州贾克森实验室（一个小型的独立非营利研究机构）工作的乔治·斯内尔（George Snell）首次观测到在移植手术中，移植的器官中即使没有"非我"蛋白质，也会遭到排斥。

要解开这个谜，就得像凯瑞那样深入思考。让我们看看斯内尔实验中使用的近交小鼠的基因。近交小鼠是让小鼠数代连续都同兄弟姐妹交配得来的小鼠种类。两种不同的近交小鼠交配后得来的后代称作 F1 杂合体，即"第一代杂合体"，所以 F1 并不是什么可爱的宝宝的昵称，而是一个遗传学术语，广泛用于描绘不同种属的动植物的后代。例如，骡子是公驴和母马的 F1 杂合体，也就是说，骡子是一头驴和一匹马交配所产生的后代，而不是这三种动物的同一祖先经进化而产生

---

① 伦纳德·科恩（Leonard Cohen）：1934 年 9 月 12 日—2016 年 11 月 7 日，加拿大演员、歌手、编剧、小说家、艺术家、诗人。

的物种。

　　实验中使用的动物之所以来自这种繁殖模式产生的后代，是因为同一种近交小鼠的相容性基因都完全一致，也就是说，通过近交繁殖，抹去了相容性基因的多样性。一般情况下，双螺旋结构的 DNA，每一条链上有着不同的相容性基因。一条链上的基因遗传自母亲，另一条链上的基因遗传自父亲，这样，后代身上就有两套 HLA-A 基因。而近交小鼠两条链上的基因都一模一样，所以传给孩子的，也就不会有不同的版本了。F1 杂合体遗传了父母的所有的相容性基因——这一点对解开移植谜团至关重要——那么 F1 杂合体就应该能接受来自父母任何一方的移植，不会产生任何排斥反应。

　　然而就在这里谜团出现了：斯内尔发现，皮肤移植或器官移植（如肾脏移植），情况确实如此，也就是说，F1 杂合体从父母任何一方移植皮肤或器官，都不会产生排斥反应，但是移植骨髓时，排斥反应出现了。为什么移植的骨髓会受到排斥？这不符合移植的基本原则，因为父母细胞并不会有"非我"的相容性基因。这是免疫系统工作原理知识中的一个漏洞，而这个漏洞，让我们发现了一种新的细胞，观察到我们不了解的免疫系统的另一面。

你为什么与众不同
——相容性基因

1971年，美国布法罗市纽约州立大学的科学家发现了一种新的免疫细胞，他们认为这种免疫细胞导致骨髓移植手术中产生排斥反应。他们发现，用手术移除了胸腺的近交小鼠仍然会排斥移植的骨髓。因为T细胞需要胸腺才能正常发育，没有胸腺，就意味着小鼠体内没有T细胞；因此，排斥反应的产生，表明除了这些种类的免疫细胞外，还有其他的东西导致了移植手术的排斥反应。过了几年，科学家才在这方面取得更多的进展，而且这些进展并不是通过F1杂合体或移植实验发现的，而是在研究癌症问题时，关键的答案才凸显出来。

在20世纪70年代早期到中期这段时间里，全球许多研究团队都在做实验，比较取自不同人或不同动物的免疫细胞在杀死染病细胞（如癌细胞）方面的表现。其中就有一些测试，是比较来自白血病病人的免疫细胞和来自健康人群的免疫细胞在杀死癌细胞方面的表现。他们认为，白血病病人的免疫细胞因为和白血病细胞有过接触，应该已被激活，能有效地杀死癌细胞；而健康人群的免疫细胞因未被激活，应该无法杀死癌细胞，所以研究人员仅仅拿健康人群充当"空白"的对照样本。但是测试结果却显示，事实上，来自健康人群的免疫细胞能够杀死癌细胞。

更令人惊诧的是，如果特意移除 T 细胞，白细胞也能杀死癌细胞，而之前，人人都认为 T 细胞才应该是消灭癌细胞的杀手。大部分科学家当时认为这不过是一场时不时发生的"背景"杀戮，很可能是由于测量杀伤能力的方式不准确造成的。少数人认为移除 T 细胞的过程不够彻底，仍有少数 T 细胞留存。基本上没有人认为杀死癌细胞的可能是一种新型细胞。

大部分团队会忽视这种情况，不被这种"背景"杀戮干扰。有些研究者只使用那些在杀死癌细胞方面能力特别弱的血液，这样就成功地回避了这些问题。事实上，他们试图利用免疫反应的多样性来摆脱"背景"杀戮这一问题，设置实验条件时加了诸多限制，以便获得和当时理论认定应该发生的情况一致的结果。现在回想起来，这样做似乎是错误的，但是实际上并不能就此断定这些科学家违背了科学精神，因为在科学研究中，常常需要采用这种缩小目标的方法。当计算机崩溃的时候，谁会认为应该要花费一天的时间来搞清楚到底是出了什么问题呢？我们大多只会骂一两声，然后按"Ctrl+Alt+Delete"键重启了事，因为当意外结果出现时，要想知道它是否是从根子上出的问题，是极端困难的。人人都奔向新的知识领域，拿个博士学位，找到新工作，或者拿到科研资金，又有多少人会把时间花在琢磨为什么计算机会崩溃，或者为什么一个"空白"控制组中居然出现了令人讨厌的"背景"杀戮的情况呢？

要想找到"背景"后有趣的真相，需要某种态度。对许多人而言，如果最后发现的只是无聊的技术问题，那数月或数年的辛苦就白费了。科学家的一生，并不如宇航员那样需要经历太空航行的危险，但是同样需要有正确的态度，为了解决科学谜题而甘愿冒险。最终，解决了这个"背景"问题、之后又解开了移植谜团的人，分别是美国国家癌症研究所的罗纳德·赫伯曼（Ronald Herberman）和瑞典的罗尔夫·基斯林。

1970 年，基斯林年仅 22 岁，在斯德哥尔摩的卡罗林斯卡研究所开始了他的博士学习。卡罗林斯卡研究所是一家著名的研究肿瘤的免疫反应的机构。基斯林的计划是计算小鼠的 T 细胞对一种特定的肿瘤细胞（YAC-1）的杀伤力。基斯林只是随机选择了 YAC-1，但是由于制造"背景"杀戮的免疫细胞对 YAC-1 的杀伤力特别强大，所以在基斯林的实验中，"背景"杀戮的值特别高，更无法忽略。基斯林意识到肿瘤细胞不是被 T 细胞杀死的，杀手另有别的细胞，基斯林将之命名为"自然杀伤细胞（NK）"。事实上，NK 细胞特别擅长攻击癌细胞和一些病毒感染的细胞。

参与现代科学研究的人非常之多，所以如果任何人想要靠自己一人做出伟大发现，基本上就是白日梦。基斯林的发现很快就得到了证实，但是他并未如释重负，而是被竞争弄得心灰意冷。

基斯林花了 10 年的时间研究 NK 细胞，但是后来，到了 20 世纪 80 年代中期，他决定完全改变研究方向，进入另一个研究领域，研究"更接近于人类疾病的东西"。他不再参加 NK 的科学会议，在 1986 年，他去到埃塞俄比亚研究麻风病（在美国，该病称为汉森病）。他决定研究针对导致麻风病的细菌的免疫反应，认为由此也许能找到预防该病的疫苗。可以说，这个举动对他的职业生涯而言是个败笔：在 NK 细胞的研究圈子里，他声名显著，但是在麻风病研究领域，则无人知晓。讽刺的是，NK 细胞研究随着我们对这些细胞的了解越来越深刻，很快将进入"人类疾病的研究领域"。基斯林对此并不后悔，说他在非洲的工作是他一生中最令他激动的时光。他随时都能回去再参加 NK 细胞的学术会议，而且一旦他回归，将会受到热烈的欢迎，也会受到尊崇。但

是他不会那样做。他在 2011 年对我提起过这件事，他说："我
讨厌那样——像个恐龙一样在那里再次露面。"

1985 年基斯林取道非洲之前不久，发现 NK 细胞的另一
位科学家赫伯曼创建了匹兹堡大学癌症研究所并担任所长。
他管理这个研究所达 24 年之久，一直非常成功。但是到任期
快结束的时候，也就是 2008 年，他发表了一个申明，建议在
癌症研究所工作的员工减少手机的使用，他因为这些言论成
为全国争议的中心。赫伯曼发表了一个长达两页纸的备忘录，
其中包括建议除了在紧急状况下不要让孩子使用手机，不要
随身总是携带手机，等等。有数十亿美元身家的手机行业当
然不会感到开心，在全国乃至全世界的报纸、杂志和电视新
闻中，各种喧嚣、吵闹、争论简直铺天盖地。赫伯曼为自己
辩护，说我们不能等到确切的结果出来再采取行动，现在就
应该谨慎一点。虽然赫伯曼发表了 700 多篇科学论文，几乎
算是发现了一种全新的细胞，但让他吸引公众关注最多的，
却是对移动手机使用的建议。

赫伯曼和基斯林发现一种新的免疫细胞的事，在开始并
没有立刻受到关注，也没人把这当作是一种突破性的成就，
因为当时，区分不同类型细胞的技术相对来说还比较粗糙，

还需 4 年的时间才能在人体内辨认出类似的细胞。在显微镜下，人类的 NK 细胞看上去同 T 细胞非常不同，斑点更多，或者换个术语说，上面有更多颗粒状凸起。NK 细胞的斑点外表很醒目，这个特征，也令所有人都同意，NK 细胞确实是一种新型的免疫细胞。

NK 细胞的发现解决了移植谜题，这些免疫细胞确实要为（F1 杂合体的）骨髓移植中的排斥反应负责。杀手已经确定，但是杀戮的动机又是什么呢？一个奥秘解开，另一个谜团出现：到底是什么使得 NK 细胞攻击移植的骨髓？它们使用的策略和 T 细胞检测疾病的策略一致，是通过"自我"与"非我"的辨认，或者采取了截然不同的战术？ NK 细胞不可能已经进化到能检测出移植过来的骨髓，因为移植是现代科学发展的成就，自然选择的进化论不可能在这么短的时间内就赋予 NK 细胞这种能力。但是在移植谜团中肯定有一条线索指向 NK 细胞的工作原理，因为只有当 NK 细胞能以某种方式检测出疾病细胞时，它们才会把移植过来的骨髓当作疾病细胞而加以攻击。

另一条指向 NK 细胞工作原理的线索是，有些肿瘤细胞，就是很容易被这些免疫细胞杀死的那些肿瘤细胞，其实缺少相容性基因编码的蛋白质，也就是 HLA 蛋白。大部分人认为，这意味着 NK 细胞肯定能识别疾病细胞中某些和 HLA 无关的特征。因此，全世界研究项目的重心都放在寻找移植细胞中能被 NK 细胞检测到的物质上。但是年轻的瑞典博士生凯瑞有一个不同的看法。

凯瑞在写他的博士论文结尾部分时，想要添上 NK 细胞用来检测其他细胞中的疾病迹象的方式。一提到免疫系统工作的总体原则，总不免让人想起当初伯内特野心勃勃地想要发现大统一免疫学理论的事迹，不过，凯瑞的办法更加务实。凯瑞整理了所有能得到的数据，包括他自己的实验数据以及相关文献中提供的数据，然后开始试图把这些数据总结一下。这跟伯内特的那种更抽象的思考方式不同，凯瑞把所有的 NK 细胞杀死疾病细胞的情况一一列出来，以期找到一个共同特点。

凯瑞之所以能走到这一步，源于一个未接电话。1975 年，凯瑞 22 岁，正在读医科博士的第二年，他看到一则消息，说肿瘤生物研究所的所长乔治·克莱因（George Klein）正在招募研究人员。凯瑞前去应聘，在面试刚开始，凯瑞还在自我介绍时，克莱因就打断了他的陈述，说那些信息都无关紧要，

"我需要知道的是你啥时候能开始工作。"凯瑞说第二天他就能，就这样，凯瑞得到了这份工作，克莱因立刻打电话给那位要和凯瑞一起工作的研究员，结果那人却不在。仓促之下，克莱因打电话找了别的人和凯瑞合作。伟大的成就往往取决于一个小小的机会，这个"别的人"就是基斯林，也因此，凯瑞开始了对这个刚刚发现的 NK 细胞的研究。

经过数年的研究，到了即将见证自己的孩子出世的时候——也就是博士论文即将完成的时候——凯瑞突然灵光一现，想到 NK 细胞能轻易杀死的细胞，常常是 T 细胞杀不死的，反之亦然。他意识到，T 细胞只杀死有 MHC 蛋白的细胞，而 NK 细胞最擅长杀死没有 MHC 蛋白的细胞。凯瑞的天才一笔就在于，他想到之所以 NK 细胞能检测出哪些细胞有问题，可能就是因为那些细胞中没有 MHC 蛋白。

凯瑞的灵感来源是瑞典海军采取的防御策略，虽然这听上去不太靠谱。在瑞典，海军司令部担心外国潜艇进入他们的水域，所以想出了一招花钱不多的监视方法，即教育当地渔民留意是否有外来潜艇。他们最初的计划是给渔民分发小册子，册子上印有渔民们应该留意的潜艇的图画，若有人看到某艘潜艇看上去和小册子上的类似，就立刻警示海军。但是海上有各种各样的潜艇，任何看到潜艇的人，得翻翻长达几页的小册子进行比对。海军发现这样做实在是既烦琐又笨拙，于是他们想出了第二个计划，给渔民发放只有一张纸的宣传单，上面画着三种潜艇，都是瑞典的，宣传单上还写着，如果渔民们看到的潜艇不是宣传单上的，他们就应该警示海军。所以，最好的策略并不是寻找外来物，而是查看是不是自己的，如果不是自己的，那肯定是个大麻烦。

　　凯瑞意识到海军的策略适应于 NK 细胞。NK 细胞并不直接寻找不该出现的分子，并以此作为疾病的标志，而是把正常细胞上的蛋白质当作是健康的标志。在这个策略中，相容性基因是关键，因为正是这些基因编码了蛋白质（也就是 HLA 蛋白），而这正是 NK 细胞检查的对象。人体内几乎所有的细胞表面都有 HLA 蛋白，T 细胞会检测这些细胞；表面没有这些蛋白质的细胞肯定有什么地方不正常，NK 细胞就出马对付这些细胞。事实也是如此，许多癌细胞都有变体，其细胞表面缺失 HLA 蛋白，这种变异很可能是为了帮助癌细胞躲避 T 细胞的检测。而 HIV，有自己独特的方式令 HLA 蛋白无法正常运行。NK 细胞应对这种情况的方式，就是注意 HLA 蛋白是否缺失。凯瑞的灵光一现，或者说是顿悟，让他给自己的博士论文添上了豹尾：免疫系统的工作原理是，搜查不应该出现在体内的物质，同时，检查应该存在的正常的蛋白质。

让我们再次回看移植手术中的谜题：我们发现，F1 杂合体体内的 NK 细胞会攻击移植自父母的骨髓，新问题就是，为什么会这样？这种情况很神秘，因为 F1 杂合体遗传了来自父母的所有的相容性基因，所以它不应该能检测到任何"非我"，从而引发针对移植物的免疫反应。凯瑞的灵感提供了答案：当骨髓细胞来自父母中的一方，例如来自母方，那移植的细胞中只含有 F1 杂合体的半套相容性基因，也就是说只有母方的，没有父方的。所以移植的细胞中有些没有蛋白质；而骨髓中数量巨大的 NK 细胞会发现这种蛋白质缺失的情况，然后发起攻击。

凯瑞觉得，在他的博士论文结尾时提上一句实在是不够，打算把论文标题改一改，把这一发现直接嵌入标题中。他的上司基斯林觉得不妥，认为这毕竟还只是一个未经证实的猜想。基斯林和凯瑞虽然是上下级关系，不过他们年龄相仿，也常常公开批评对方的观点。这种批评有助于他们取得成功，因为这种激烈的你来我往的争吵，对思想成型常常是必不可少的。凯瑞在 1981 年拿到了博士学位，但是他那了不起的发现没能嵌入论文的标题中。不过这并没有什么大不了的，因为博士论文除了是多年辛苦工作的结晶外，其实并没有什么人会去读它。

终于，在凯瑞 30 岁的时候，他的猜想获得了应得的更广泛的关注，在 1984 年底特律附近举办的第二届 NK 细胞研讨会上，他是最年轻的发言人之一。虽然观众认为他的观点很有趣，但是并没有立刻接受。大部分的与会人员都对此持怀疑态度，而当科学家在公开场合礼貌地说他们对某观点持怀疑态度时，在私下场合，如酒吧里谈论此事时，会说得更加清楚明确：这个观点就是胡说八道。

凯瑞多少受了些打击，想着如果最终证明他是错的，他就离开科学研究的圈子，找一个临床的工作。在科学圈里，受到抵制并不是简单的对抗新生事物，科学家对凯瑞的发现持怀疑态度，是因为有些数据同他的观点相悖。例如，有些细胞即使有 MHC 蛋白，也会被 NK 细胞杀死，所以说"只有那些没有蛋白的细胞才会被 NK 细胞杀死"这一说法并不准确。至少在最初，其他的关于 NK 细胞的看法似乎也是对的，如有人认为，也许 NK 细胞能够识别某种其他的显示疾病存在的蛋白质，某种身份尚未确定的蛋白质。

但是，凯瑞的发现之所以令人难以接受，最大的问题在于他提出了和已知的蛋白质相关的知识完全相反的东西。人们认为相容性基因编码的蛋白质之所以非常重要，是因为它激活免疫细胞，即激发 T 细胞去攻击敌人。现在，凯瑞又说蛋白质还能够关停免疫细胞，即使是不同种类的免疫细胞（NK 细胞）。有人打了个比喻来描述这个发现，说这就像从后往前倒过来演奏披头士的音乐，旋律仍然能非常美妙。这怎么可能？

1986 年，即凯瑞第一次在底特律的会议上提出自己的观点两年后，他在实验中发现，NK 细胞确实能有效地杀死那些特意选择的缺失 MHC 蛋白的小鼠的肿瘤细胞。有了这个实验结果，凯瑞认为自己的观点不可能全部都错了。又过了几年，在 1990 年，他和他的第一个博士生汉斯-古斯塔夫·永格伦（Hans-Gustaf Ljunggren）一起发表了一篇论文，着重阐述了这个观点，并命名为"缺失的'自我'猜想"。这一论文产生了巨大的影响。好名字能发挥非常大的作用，一如"宇宙大爆炸"。艺术对科学也大有助益，刊登了"缺失的'自我'猜想"的期刊封面是一幅画，一位女性凝视着镜子，而镜子里却没有这位女性，映像缺失。

　　凯瑞的观点引来了众多的视线，而关注的焦点也随之转移：免疫细胞到底是如何知道另一个细胞什么时候缺失了一个正常的分子呢？一种可能是，如果 NK 细胞在细胞表面有受体蛋白质，这种受体蛋白质如果和另一个细胞的 MHC 蛋白质绑定的话，就会阻止 NK 细胞攻击对方。这种情况下，如果 NK 细胞接触到另一个有 MHC 蛋白的细胞，NK 细胞就接收到一个信息：别杀。但是如果另一个细胞上缺失 MHC 蛋白，NK 细胞受体蛋白质就没有对象可以互动了，也因此，刹车信号缺失，NK 细胞便给出死亡之吻。这似乎是 NK 细胞调查其他细胞是否有正常的"自我"蛋白质最简单的办法了，但是问题是，这种受体是否真的存在。所以，科学家们开始寻找这个惦记着"缺失的'自我'"的受体。

　　再一次，问题的解答出乎意料。完全没有考虑"缺失的'自我'猜想"的韦恩·横山（Wayne Yokoyama），却找到了免疫细胞上的新受体蛋白。

　　横山出生在夏威夷，一直在圣路易斯市的华盛顿大学医学院工作，1989 年，他找到了新受体蛋白，并把它命名为 A1，后来，该蛋白改名为 Ly49，韦恩的妻子琳恩·横山自认为这个名字与她有关。实际上，这个名字的意思是该蛋白是拥有一些共同化学特点的 Ly 蛋白家族的第 49 位成员。横山完全没想到 Ly49 居然是凯瑞的"缺失的'自我'猜想"的关键，但是他认为无论如何，他绝对是发现了一个非常重要的东西，觉得这种蛋白质的易变性肯定具有某种非常有趣的作用。

横山本人拥有如佛家弟子般的沉稳和随意，最早开始对医学研究产生兴趣，是源于高中时参加的一个项目。横山的父亲在横山 14 岁时去世，他老师指导并支持他度过了一段艰难的时期，后来又帮助他在夏威夷的一家医院找到了一份暑期工，而那家医院，刚刚做了夏威夷首例双胞胎之间肾脏移植的手术。横山时年 17 岁，跟在医生后面忙活，而医生正开始使用那时 HLA 的研究者已确定的原理进行各种检测，以提高移植手术的成功率，这些，我们在第 3 章谈过。夏威夷的人口组成极为多样，而横山在做检测时可以观察到不同种族的血液反应的模式，他发现，这个对移植手术影响极大。这个暑期工作让横山决定以后要做一名医生。再后来，他发现医生的工作中，有个很重要的部分是"问"，必须询问病人一些非常隐私的问题，例如性生活啊什么的，他又决定，他的位置还是在实验室中比较好。

在全国卫生研究所工作了一段时间后，横山在加州大学旧金山分校（UCSF）谋到了一个教职，决定把实验室的工作聚焦于他最近发现的蛋白质 Ly49 上。那时，他还不了解这种蛋白质可能发挥的作用，但是发现 Ly49 基因位于 NK 细胞中另一个已知的比较活跃的基因附近，这让他产生了也看看其他细胞的念头。于是，他根据是否拥有 Ly49 这一点把 NK 细胞分类，之后发现，没有 Ly49 的 NK 细胞特别擅长杀死其他细胞。这表明，在 NK 细胞中，Ly49 存在的目的在于阻止 NK 细胞杀死其他的细胞。

横山比较了 NK 细胞在杀死不同肿瘤细胞上的表现后，发现 Ly49 受体承担的任务是，当受体和接触的另一个细胞的 MHC 蛋白绑定时，就会关停 NK 细胞这个杀戮机器。如果接触的细胞中没有 MHC 蛋白，Ly49 的"关停"信号会因此缺失，NK 细胞就会发起致命一击。横山确定了让免疫系统搜索"缺失的'自我'"的分子过程，即通过一个受体蛋白质，检查其他细胞中是否有 MHC 蛋白。横山的发现证实了凯瑞最初关于 NK 细胞的理论的正确性，两位科学家也都因此而名声大噪。在 2009 年，凯瑞登上了决定诺贝尔生理学或医学奖归属者的委员会主席的宝座。凯瑞并不怎么谈论他的这项工作，毕竟委员会的操作是严格保密的，原因很明显，就是为了防止各种谣言。

　　横山的发现来自小鼠的实验，所以接下来要做的事，就是要弄清人类的 NK 细胞是否也起到同样的作用，在人体内和 Ly49 相对应的东西是什么。各研究团队在人体 NK 细胞内搜寻和 Ly49 类似的蛋白质，或者编码这样的蛋白质的基因。许多年后，仍然一无所获。

　　问题出现了，这种精致优雅的搜寻"缺失的'自我'"的防御策略，是不是只有啮齿动物才会用到？

　　然后，类似的事情再次发生，两个团队同时报告了他们的研究成果。这一次，流言很快就传播开来，暗示有一个团队的带头人是在听了另一个团队的讲座后，获得了关键性的线索，并用在研究中，最终确定受体。这很可能是一个无聊的谣言，这里我提起这个，并不是要说其中某个团队的科学家并没有真正地取得成就，而是想说明，在科学圈里，流言蜚语的传播一点都不亚于艺术圈、音乐圈、文学圈或任何一个领域。许多伟大的成就背后，都有这样的流言蜚语，甚至是一些小小的成功的背后也有，哪怕这些成就小到谁能抢得头筹压根儿就无关紧要。

　　前面所提到的谣传中的那个关键性的线索，就是蛋白质的种类（也就是肽链末端的化学分子结构）。这个信息至关重要，因为 Ly49 的人类版本跟小鼠 Ly49 不太一样。数年来，人人都在寻找和小鼠 Ly49 类似的东西，但是事实上，人类版本跟小鼠版本之间有很大的差异，其化学特征全然不同。人类版本的 Ly49 是所谓的免疫球蛋白家族的一部分，因而它有一个颇为复杂的名字，叫"杀伤细胞免疫球蛋白样受体"，缩写为 KIR。

　　生命的重要过程通常是在小鼠和人类的共同祖先中进化的，也因此两个物种的基因和蛋白质在很多方面都非常相似。但是这里，不同种类的蛋白质在免疫系统内所起到的作用居然一模一样，这意味着，把"缺失的'自我'"当作疾病迹象加以搜寻，是许多物种都会使用的策略，但是使之行之有效这一过程，进化的时间段相对来说比较接近现代，所以小鼠和人类的这种抵抗疾病的方式，出现了差异。

　　这种差异非常重要，因为在检测和开发新药时，常常会拿小鼠做实验，小鼠相对来说比较容易饲养，繁殖也快，所以有很多技术都是围绕着拿小鼠做实验来进行研究发展的，如基因编辑技术。我之所以在此提到这个，是因为这是个事实，而不是因为我提倡用动物做实验，动物实验问题非常复杂，需要单独拿出来讨论。支持用小鼠做医学研究的原因，其实和反对用另外一种动物的原因一样，就是所谓的所有的哺乳动物的基因组非常相似。具体的细节就看要比较什么了。大约99%的小鼠基因有其人类版本，平均起来，两者基因的相似度为85%。然而，小鼠没有AIDS和很多其他的人类疾病的版本。小鼠和人类的免疫系统也不同，用于搜寻"缺失的'自我'"的NK细胞受体就是个很好的例子。所以，设计用来阻滞人类NK细胞受体的药物，如果用小鼠做实验，那就完全没有任何用处，因为小鼠根本就没有那种蛋白质，药物自然也就无从发挥作用了。

这并不是个学术方面的观点，而是很实际的新药测试问题。这样的用于阻止NK细胞"关停"受体的药物，目前法国的领英公司（Innate Pharma）正在开发中，而且医药巨头百时美施贵宝（Bristol-Myers Squibb）也已有了生产执照。该药的理念就是释放NK细胞，让它们能够比寻常更有效地去杀死癌细胞或其他的患病细胞。如果要在小鼠身上测试该药，就必须在小鼠的基因上增添人类NK细胞受体。要做到这点，技术上并不困难，科学家们早就已经能够在物种之间改组基因了，但是同时，我们很容易就会发现，这种方式会变得更为复杂，对技术要求更高，因为如果给小鼠加上人类NK细胞受体，那么同时也需要给小鼠的基因再加上人类MHC蛋白，再然后，谁知道还需要给小鼠的基因再加上多少别的什么呢？

常用的方式是这样的，首先，培养变异小鼠，使其失去大部分免疫系统的功能，然后给其增添人类基因或干细胞，创造出所谓的人源化小鼠。"人源化小鼠"和"缺失的'自我'"以及"宇宙大爆炸"一样，名字起得都极为精妙，都能引起广泛的关注，并且说实话，这种说法几近于医学科学所能达到的创造弗兰肯斯坦的怪物的最高境界。现在似乎仍无法在动物身上重铸人脑的高阶功能，但是从另外一方面看，我们也无法想象最终我们能走得多远。

一个更迫切需要关注的问题，一个跟相容性基因相关的问题，在于即使是最接近于人的人源化小鼠，也缺少人类的多样化。

人类的NK细胞受体同它们检测的对象HLA蛋白一样，变化极为多端。个体KIR基因的变化比HLA基因的少，但是人体内NK细胞基因之间存在着完全不同的差异。HLA基因的变异，如我们所见，数量巨大，但是至少这个数量是固定的。而另一方面，KIR基因，也就是编码NK细胞受体蛋白的基因，每个人体内的数量有所不同。这就意味着我们不但继承了不同版本的这些基因，而且许多的 KIR DNA 在有些人体内有，在有些人体内却没有。虽然这种情况对免疫系统的效果尚未完全弄清楚，但是很明显，KIR 基因的遗传影响到我们对疾病的易感性和抵抗力，尤其是某些特定的相容性基因的组合。例如，在 2004 年，科学家首次发现了其对人类感染丙型肝炎的影响。

感染了丙型肝炎病毒的人当中，1/5 的人可以自身消除这种病毒，而另外的 4/5，在全世界范围内大约有 1.7 亿人，感染会持续下去，造成严重的肝损伤。许多因素会对感染病毒后的情况造成影响，如特定的病毒株。一种免疫系统基因——IL28B，对清除病毒的影响尤为强大，这能解释为什么在治疗欧洲人或非裔美国人时，治愈率有所差异。相容性基因也会影响到治疗效果，这一点，也体现在所有不同疾病的治疗效果上，但是这里，情况有所不同，相容性基因不是靠本身来影响丙型肝炎的预后的，而是通过 HLA 和 KIR 基因的一个特定的组合发挥作用。

不幸的是，目前还没有搞清楚为什么会这样，这仍在相容性基因知识的未开发地区。这个情况很复杂，因为有些

KIR 基因编码的受体，也就是我们前面讨论的那些在看到别的细胞上的 HLA 蛋白时，会关停 NK 细胞的受体，它们把"缺失的'自我'"当作疾病特征加以搜寻。但是同样是这些受体，它们的变体做的事情正好相反，有些 KIR 基因编码蛋白质去激发 NK 细胞而不是关停它们。而且，人与人之间，这样的基因也有相当大的差异。

这些激活 NK 细胞受体的版本是如何帮助我们抵抗疾病的，仍然未能搞清楚。有种可能，这些受体能识别出病毒在试图侵入免疫防疫系统时释放的 HLA 蛋白的诱饵版本。之后的剧情如果这样发展的话，会很合理：病毒感染了细胞，让细胞 HLA 蛋白不能正常工作，以此避免被 T 细胞检测到。根据"缺失的'自我'猜想"，NK 细胞应该能够检测到受到感染的细胞表面 HLA 蛋白不见了。但是这是一场战争，所以病毒会把本身的蛋白伪装成 HLA 蛋白的模样，希望能愚弄 NK 细胞。然而，病毒的诱饵和真正的 HLA 蛋白还是不一样的，也许 NK 细胞中激活的受体能够发现这种不同。这样，感染的细胞就能被检测到，并被杀死。看似合理，但是无人知道事实到底是不是就是这样。当然还有一种可能，即激活受体，本身就不是为了防御疾病，而是可能在体内起到别的什么作用，例如在怀孕时承担别的职责，这一点我们之后再谈。

相容性基因和 NK 细胞基因的组合同人体对 HIV 病毒的反应也有关系，但是这些发现矛盾重重，令人十分困惑。HIV 的病毒细胞和 HLA 蛋白绑定后，无论是激活还是抑制 NK 细胞受体，都可能对人体起到保护作用。另外，还有证据证明，病毒会根据 NK 细胞受体基因而发生改变，也许是为了避免被检测到。我们没法具体解释到底发生了什么事，也没法说 NK 细胞在杀死感染 HIV 的细胞方面能起到什么作用。每种解释都有漏洞。

再回想一下，当"缺失的'自我'猜想"刚刚提出时，科学家们对此持怀疑态度，是因为有些癌细胞即使有正常工作的 MHC 蛋白，仍然会被 NK 细胞杀死。经过科学家和研究者的重重审核后，人们发现，这个猜想是经得起严格的审查的。但是该猜想得到广泛接受，经历了一段漫长而复杂的过程。这充分说明，将生物系统的规则成功地拼凑成正确的理论，确实十分困难，通往规则的路上，总是会碰到一些例外，所以需要从不同的角度去看待规则。现在我们知道，检测"缺失的'自我'"只是 NK 细胞检测疾病细胞的一种方式，而不是唯一的方式。NK 细胞也会攻击有压力的细胞。这里，"有压力"和我们日常生活中的"有压力"意思不同，细胞是无法感受到情绪紧张的，但是细胞确实能够感觉到细胞内部可能出了什么问题，从而经历所谓的压力反应。

我们知道，紫外线照射太多对皮肤不好，因为紫外线会伤害 DNA。而一旦 DNA 受到伤害，细胞会检测到体内有受损的 DNA，就会对此做出反应，也就是我们所说的"细胞感受到了压力"。作为压力反应的一部分，细胞会试图修复DNA，同时，受损的细胞会把某些蛋白质释放到细胞表面。健康的细胞表面是不会有这些蛋白质的，它们只有在细胞感受到压力后才会出现。把这些蛋白质放在细胞表面，细胞以此来向隔壁的细胞表示，自己受到了伤害。NK 细胞检测到这些由于压力而产生的蛋白质，知道这些细胞受损或"有压力"，便出手杀了他们。所以，NK 细胞不但能检测到"缺失的'自我'"，判定其为疾病的迹象，还能检测到"被诱导的'自我'"，判断该细胞有毛病，因为这些蛋白质不会出现在健康的细胞表面。

NK 细胞，也许其他所有种类的免疫细胞，能通过不同的策略来检测疾病。我们的免疫系统有无数的工作方式，而无论是哪种方式，相容性基因都发挥核心作用。

从 HLA 的发现开始，我们对免疫系统的了解上升到了一个新的高度，其间花了五十多年，而我用了 7 章来描述。
总的来说，到目前为止，科学家的意见还是一致的，之后，
就各有各的说法了。在第三部分，我们要来讨论相容性基因
的其他问题。相容性基因当然是免疫系统工作的核心，但是
也影响到我们的择偶、成功受孕，甚至也许影响大脑神经元
的连线。如果事实果真如此，那我们可以从两个方面来看待
这个问题。首先，也许只是碰巧，我们的身体重复利用同样
的基因和蛋白质来做不同的事情。当然也有可能是人类的不
同方面都有密切的联系。我的观点是，后者也许更有道理：
相容性基因之所以不但在抵抗疾病上发挥作用，同时在繁衍
方面也很重要，是因为这两个生命要素从根本上就是紧密相
关的。

第三部分

无处不在的相容性基因

性和带有体味的 T 恤

梅达沃的移植实验表明，人体可以根据相容性基因的不同，把自己的细胞和他人的细胞区分开来。在当时，所有人都认为相容性基因的进化绝对不是为了让移植难以进行，因为这不合常理。正如后来研究发现的那样，这些基因的主要功能是在免疫系统中发挥作用。但是话说回来，它们之所以能给移植手术造成大麻烦，也是出于本性，因为相容性基因确实能标志个人身份，同时，还通过嗅觉来影响我们的人际相容。

瑞美儿（Rimmel）的畅销书《香水之书》（*The Book of Perfumes*）出版于 1864 年，比达尔文的《物种起源》（*On* the Origin of Species）晚五年。他在书中写道："大自然给予我们诸多馈赠，让我们能陶醉酣享，而其中，唯嗅觉能带给我们精致细腻的享受，其他少有能及。"之后，即使过了大约 150 年，即使科学家已经把达尔文的进化论掰开来揉碎了仔细深入地研究得如此彻底，我们对于气味的了解仍然很少。科学家兼香水师卢卡·都灵（Luca Turin）在他 2006 年出版的《香水之谜》中写道："非常神秘的是，尽管已经知道关于分子的几乎所有的知识，但是对于鼻子是如何嗅味的，我们却仍然一无所知。"

　　雅诗兰黛对一款名为"天堂之上"的香水做了一个非官方的分析，其结果显示，该种香水含有大约 400 种不同的气味分子。鼻子是如何感受这些气味的，我们略略知道一点：鼻中有数千种专门受体来检测这些化学物质，这些受体约占人类基因的 3%。但是，大脑如何利用这些信息来感知气味，进而下意识或有意识地影响我们的行为，这些方面我们就知之甚少了。

　　都灵认为，因为研究气味的实际效益不如医学和技术那么明显，所以在这方面投入的资金很少；而视觉和听觉方面的研究要多得多，因为人们普遍认为这两种感官更为重要，

你为什么与众不同
——相容性基因

如果失去这两种感觉，生活会变得惨不忍睹，而嗅觉……似乎没那么重要。我觉得造成这种局面的原因主要在于，气味实在太难研究。颜色可以用光的波长来表示，形状可以用数学方程来描述，声音可以用数码的形式下载储存。但你要如何解释香草的芬芳呢？

我们甚至无法用语言来描述气味，而视觉图像描绘起来就容易得多了。作者在描述气味的时候，一般用隐喻和类比等修辞手法；科学家也无法计算任何分子的气味；计算机无法预测完美的气味是用什么分子以什么比例混合起来的；而香水的制造，实际上全靠专家的嗅觉。最大的问题是，对于气味科学来说，人类对于气味的反应只能用模糊的、难以解释清楚的评分系统来评估。所以你看，什么气味好闻，什么气味不好闻，总是有极大的争议。

嗅觉研究中的这些麻烦并没有难倒克劳斯·魏德金（Claus Wedekind）。魏德金是一位瑞士动物学家，1993 年，他在瑞士伯尔尼大学工作的时候做了一个有趣的实验。他让一些女性将不同男性穿过的 T 恤按照气味的性感程度，或者令她们感到愉悦的程度进行排序，目的是弄清楚对相容性基因类似或不同的男性，女性到底偏好哪一种：相容性基因类似的，还是不同的。魏德金做这个实验时并没有任何免疫学的相关知识。相反，他一直在思考的是，动物和人类是如何评估他们未来的伴侣的，比方说，雌性孔雀择偶时，到底是如何评估雄性孔雀的羽毛的。

魏德金之前一直在研究雄鱼身上发现的叫作瘤状突起的肿块。人们认为雌鱼根据雄鱼身上的瘤状突起来判断它是否是适合交配的对象，故而雄鱼的瘤状突起和孔雀羽毛的作用一模一样。魏德金知道，人们尚不清楚雌鱼对雄鱼的瘤状突起到底是如何估量的，如到底是喜欢瘤状突起的数量还是大小，最重要的是，瘤状突起这种东西，跟是否适合交配到底有什么关系；他还知道，众所周知，这种情况可以伪装，也就是说，动物可以迎合雌性的喜好而伪造出对方喜欢的特征，如雄鱼身上生出瘤状突起，或者雄孔雀长出美丽的羽毛等。而伪装出来的这些特征，只不过是银样蜡枪头而已，对雌性动物没有任何好处。

为了研究这个问题，魏德金采用了一个数学模型，试图弄清楚如果雄性作弊，结果会如何。他预测，从长远来看，诚实终将战胜欺诈。之所以这样预测，是因为他假定，如果雌鱼只要稍微努力，就能感受到雄鱼体内对生存有直接影响的基因的优劣，那样的话，作弊的雄鱼就绝对赢不了雌性的芳心。后来，他读到一篇文章，说有一项研究表明，老鼠可以嗅到彼此的免疫系统基因的气味，这似乎正符合他的择偶方式的理论分析。

相容性基因可以成为人类个体的显著标志，虽然这一观点可以回溯到彼得·梅达沃在 20 世纪 50 年代的发现，但是梅达沃本人却从来没有想到过，人类或动物或许真的能够感觉到其他个体的相容性基因。直到 20 世纪 70 年代，才有人开始正儿八经地考虑这个问题。其中一人是珍妮特·博伊斯（Jeanette Boyse），她当时正在纽约的斯隆 - 凯特琳纪念癌症中心（the Memorial Sloan-Kettering Cancer Centre）工作，所在研究团队的带头人是她丈夫，出生于英国的特德·博伊斯（Ted Boyse）。她偶尔发现她饲养的小鼠似乎有特别偏爱的交配对象，于是这个夫妻团队就开始琢磨，这种偏好是不是和相容性基因有关。

著名的科学家、杰出的散文家刘易斯·托马斯（Lewis Thomas）当时正领导着博伊斯夫妻工作的纽约研究所。在理论上，托马斯认为相容性基因能给个体以特别的体味。托马斯在 1974 年发表了散文集《细胞的生活》，其中一篇《对信息素的恐惧》中，他明确提出质疑：狗到底能不能根据人类的相容性基因，通过嗅觉来区分人类。事实上，我们现在仍然无法回答。狗的嗅觉受体数量是人类的 60 倍，据说有些狗能从一周前留下的指纹中嗅到并分辨人的气味，而我们对其工作原理几无所知。

托马斯并没有亲自观察到小鼠的交配偏好，他是在 20 世纪 70 年代早期阅读了各种不同的观察报告后，才提出了这一观点。其中一个灵感来源颇有些诡异，那是一个住在小岛上的独居者的发现："每天都对电动剃须刀刮下的胡须称重，发现每次回到大陆、遇到女孩们后，胡须都长得更快一些。"托马斯把这个匿名发表的逸事当作证据，说它证明他人的存在对我们会产生微妙的影响。当时还有另外一个报告：多位女性同住在一起的话，她们的月经也会同步。托马斯认为这是一种新发现的人际交流方式，也许是通过体味发挥作用的。40 年过去后，人们对月经同步的解释仍然大相径庭、相互矛盾。虽然有 80% 的女性认为这是事实，但是科学家对此并没有达成一致意见，更不用说弄清楚到底是怎么发生的了。

托马斯和其他人一样，也在思考这种现象，他意识到，如果人或动物能以某种方式感知对方的话，也许是通过嗅觉，那么肯定会和某种固定的基因成分有关，因为人的基因不变，身份也不会改变。托马斯认为，相容性基因可能提供了这样一个身份标记，因为人与人之间的相容性基因差异非常大，而且至关重要的是，这个理论正解释了博伊斯他们观察到的现象。因此，作为一个研究团队，他们开始着手直接检测这种猜想：把不同的小鼠关在一起，观察谁跟谁交配。很明显，如果拿人做实验对象，伦理上是不可能行得通的。

经过精心实验，这个团队证明他们的观察结果是正确的：当一只老鼠有两个配偶可供选择时，其选择由相容性基因决定。但是老鼠是如何检测彼此的相容性基因的呢？其中一个可能性是通过气味。特德·博伊斯联系了一位著名的嗅觉专家，在费城的莫奈尔化学感官中心（the Monell Chemical Sense Center）工作的盖里·比彻姆（Gary Beauchamp）。莫奈尔化学感官中心是世界上最大的味觉和嗅觉研究机构。在未来的几十年，博伊斯和比彻姆一直都有联系，一直都在密切合作。我在 2011 年和比彻姆会谈时，比彻姆说特德·博伊斯就是一个天才。比彻姆说，博伊斯总是有很多独创新颖的想法；除了嗅觉实验外，博伊斯还曾建议使用脐带血来进行干细胞移植，这个绝妙的主意后来在 20 世纪 90 年代早期，成为一种广泛使用的医疗手段。

为了研究小鼠的嗅觉，博伊斯、比彻姆和托马斯从日本招募来一位研究员——山崎邦夫（Kunio Yamazaki），一起来做了一系列的实验。他们用装有电扇的 Y 形隧道（以前称为迷宫），把不同的气味从 Y 形隧道的两个端口吹过去。将小鼠放在迷宫的另一端，它会根据其喜欢的气味选择一个管道跑进去。为了训练小鼠使用迷宫，他们从两个管道各吹入杜松子和肉桂的气味，如果小鼠跑入有杜松子气味的一侧，就奖励小鼠一点喝的东西。如果小鼠经过训练后能嗅到另一端别的小鼠的气味——和它的相容性基因一样或者不同——也会给予它合适的奖励。这个实验显示，小鼠能通过嗅味检测到另一个小鼠的相容性基因的种类，并且能够做出适当的选择，以获取奖励。

接着，他们用小鼠的尿液替换活鼠，也用电扇把气味吹入管道，实验仍能取得类似的结果。这些实验表明，嗅尿，是小鼠感觉 MHC 型的一种方式。老鼠也能够通过嗅尿来确定彼此的身份。谢天谢地，我们人类已经失去这项技能了。

这个发现提出了两个问题：首先，动物为什么要使用这个能力去感觉其他动物的相容性基因；其次，人类也会如此吗？第一个问题，我们仍不知道答案，但是有几种可能。一种可能是，这些基因可以用来作为亲属关系的标识，小鼠通过辨别标识来避免近亲繁殖或乱伦。另一种可能是，小鼠用这些基因来寻找亲属，以便共同筑窝，例如，母亲可能可以用这种方式来认出自己的孩子。第三种可能是，交配偏好可能可以特别用来保证免疫系统基因的多样性，因为和不同品属的小鼠自由交配，其后代的相容性基因，会比随意交配所得的后代的相容性基因的多样性更大。

那第二个问题的答案又是什么呢？人类也会如此吗？我们会不会在无意识间就评估了潜在伴侣的相容性基因？不管我们有没有炫耀财富，或者像孔雀开屏一样展现美貌，我们都会悄悄的通过体味，向周围的人展现我们的基因构成。我们在第3章提到的HLA研究领域的先导者之一乔恩·范·鲁德，就曾在20世纪80年代试图做过相关方面的研究，但是并没有得出什么结果，原因如我们前面所说，嗅觉本身就很难衡量。之后，在1994年6月，魏德金重捡这项挑战，用的就是现在看来声名狼藉而又颇具挑衅的实验。

他挑选了一批学生，49位女性和44位男性，先经过检测，确定他们的相容性基因类型。女性大部分都是生物学和心理学专业的学生，而男性大部分学习化学、物理或地理。实验中，女性需要使用喷鼻器来清洁她们的鼻腔，连续使用 14 天，精心保养她们的嗅觉；她们还需要阅读帕特里克·苏辛德（Patrick Süskind）的一本幻想小说《香水：一位杀手的故事》（*Perfume: The Story of a Murderer*）。男性需要穿一件纯棉 T 恤，穿两天，同时要尽量避免沾染影响他们气味的人、物或事，如不要性交、不要吸烟、不要饮酒、不要用除臭剂，甚至不要进入气味浓烈的房间。

两天后，这些男人穿过的 T 恤分别被放置于纸板盒内，纸板盒上有三角形孔洞。之后，每位女性单独进入房间，闻六件不同的 T 恤的气味，然后给这些 T 恤的气味打分，从 0 到 10（5 分表示没感觉，0 分表示讨厌），评分的标准是气味的大小、是否令人愉悦、是否觉得性感等。

结果还没有出来，麻烦就先来了。新闻记者的"嗅觉"最为灵敏，第一个嗅到了一个好故事。有些参加实验的学生接到信件，问他们是否觉得参加这项研究很危险，很不道德。当时瑞士第二大报纸《博纳报》（*Berner Zeitung*）发表了一篇文章，报道引用了不少抗议这个项目的学生的话。其中一个学生说这项研究贬低了女性，因为这种类型的研究暗示"女性是生育机器"。另有人抗议说，任何朝着"优化"后代目标进行的与繁殖有关的想法，都不适合作为科学研究的主题。政治家则惊慌失措，有两位还亲自打电话给魏德金说此事。一人说他听说了魏德金的"纳粹研究"，他说这项工作必须立刻停止，而且他们将竭尽全力把威德金从该大学赶出去。魏德金所在大学的上级主管注意到了这个混乱的局面，但是研究讨论后认为，这个实验没问题。

于是，魏德金和他的同事们回到实验室，开始分析数据，比较女性在T恤气味方面的喜好是否和相容性基因有关。他们关注的相容性基因是HLA-A、HLA-B和一个二类基因。之所以这样选择，因为这些基因对移植手术成功率非常重要，做基因检测的机构基本上都会检测这些基因，相关数据比较容易获得。实验结果是，女性更喜欢相容性基因不同的男性所穿的T恤，认为这些气味更性感、更令她们感到愉悦。气味大小的打分和相容性基因是否相似无关，这也证明在这种情况下，愉悦度或性感度才是重要因素。实验似乎表明，潜意识里，我们择偶时更喜欢那些相容性基因不同的人。

同时，该实验还得到了另一个戏剧性的结果：服用避孕药的女性偏好有所不同。事实上，她们的品位正好反过来，也就是说，服用了避孕药的女性更喜欢相容性基因相似的男性。一种解释是，服用避孕药，在某种程度上其效果和怀孕类似，是否选择一位性感的伴侣已变得无关紧要，所以偏好会发生改变。令她们感到愉悦的体味可能来自家庭成员，而一家人的相容性基因比较相似。魏德金得出结论，如果择偶偏好和抵抗疾病相关，那么"择偶时，人们应该知道，如果他们使用香水、除臭剂或者避孕药，会打乱这种身体机制，最终事与愿违"。

魏德金把论文寄给几家顶级的科学期刊，结果又碰到了麻烦。世界顶级期刊《自然》的一位评审员说他的实验方法根本就不严谨。《自然》刊登的有关科学方法的文章一般都一板一眼，如药物的剂量、检查的细胞数量等，皆精准明确；而魏德金的实验方法，什么"参加实验的人首先要看一本书"之类的，一看就不正经。魏德金采用的方法似乎太过戏剧化，而这种戏剧化的夸张，是每一个科学家在接受教育时，就一直都被谆谆教诲着要尽量避免的缺点。《自然》评审员纷纷质疑魏德金的方法：研究的结果怎么能依赖女性读一本书呢？如果她们换一本书来读，结果会不会发生改变？评审员也质疑喷鼻器的效果，同时也认为参加研究的人也许相互认识，这也可能会使实验不那么客观。还有一种更奇怪的批评意见，认为学生并不能代表整个人类。

另一家顶级期刊《科学》的编辑们甚至认为这篇论文根本就不值得走完同行评审的程序，最终，威德金的论文发表在英国的《皇家协会会刊》(*Proceedings of the Royal Society*) 上，这个期刊不错，但是并未跻身一流行列。牛津大学的进化论理论家比尔·汉密尔顿 (Bill Hamilton) 在一次会议上和威德金讨论了这一发现后，建议他把论文发到《皇家协会会刊》上。在给魏德金的信上，汉密尔顿说实验人群应该更大一些，不过，不管怎样，"这个实验令人着迷，需做更多。"汉密尔顿还说，"虽然仅是猜测，但是使用避孕药，也许对现代的婚姻关系会产生缓慢的负面影响……我好像在我的亲属和朋友那里都看到了类似的情况。"这些数据的发表——也许尤其是避孕药会影响女性择偶偏好的观点——很明显又将掀起激烈的讨论。

这项研究无论在主流媒体还是一般的科学杂志都得到了各种播报和评价，不过许多科学家对这项实验仍持怀疑态度。2011 年我和魏德金交流的时候，魏德金认为他之所以受到质疑，是因为他和合作者都不是知名的免疫学或 HLA 基因学领域的研究人员。这也许是原因之一。但是我觉得，科学界对此持谨慎态度，是因为魏德金的证据不够充分。发现有多重要，证据的充实程度就得有多高。如果某项研究无足轻重，那也就不会有人大惊小怪，紧追着不放。魏德金的实验成果打开了人类生理学的一个新领域，而且这个新领域不但引起了公众巨大的兴趣，还跟几个价值数十亿美元的行业（如香水厂家和肥皂厂家）有关，这就难怪会引起舆情了。正如魔术家詹姆斯·兰迪（James Randi）所言：如果你说你家院子里有一头山羊，别人也许会信以为真；但是如果你说你有一头独角兽，那就别怪人家会追根究底。

然而居然有人发表文章对魏德金进行了笔伐，这种事情并不常见，因为大部分科学家之间的争执基本上都是口头上的，一般都发生在科学会议上。在这份已发表的反对意见中，有些科学家批评魏德金用于分析数据的统计学方法不合适。魏德金的回复，是把原始数据寄给他们，让他们自己去分析。结果，这些科学家在用自己的方法分析这些原始数据后，不得不同意魏德金的结论。但是这个后续的和解并未发表，出现在公众视野中的，仍然是那份反对意见。不过对于魏德金而言，这个只是小问题，他还有更大的问题需要解决。

统计分析仅仅显示了某事是否可能发生，但是并没有涉及这个实验结果的重要性。不管到底该用哪种统计方法来作分析，也不管魏德金的实验方式是否应该改进（如让女性事先读某本书），就算不考虑所有这些疑点，仅从表面价值来看，实验结果的重要性仍说不清楚，因为这个所谓的性感度本身，就是很难解释得清楚的一件事。

魏德金的实验结果的重要性主要体现在数据上。相容性基因不同的男性穿的 T 恤，在其气味让女性感到愉悦这个方面，女性给予的平均分为 5 分多（满分 10 分），而相容性基因相似的男性所穿的 T 恤，女性对其给予的愉悦度打分，平均分为 4 分多。换种方法来分析同样的数据，也就是说，每位男性从相容性基因不同的女性处获得的平均分不到 6 分，而从相容性基因相似的女性那里获得的平均分不到 5 分。所以重点在这里，不管实验方法是否需要改进，无人知道满分为 10 分时，这 1 分的性感度的差距，在现实中，到底对人的行为会有什么样的影响。比尔·汉密尔顿说得对，这确实很令人着迷，但是也确实需要更多的研究。这个实验远远说明不了什么问题。

而后，真正的大问题来了：随后其他科学家做的相关实验并没有清楚明确地澄清这种情况，实际上，研究越多，认知就越混乱。有些研究根本没能检测到魏德金发现的结果。2008 年的一个实验和魏德金做的十分相似，其结果显示，服用了避孕药的女性所偏好的气味确实发生了变化，但是总的来说,相容性基因的差异和女性的气味偏好并没有什么关联。这个研究中采取的实验方法和魏德金的有几个地方不同，这些不同可能造成了两项研究结果的不同。例如，在2008年的这项研究中，T恤先是放在冷冻箱里，然后再让参加研究的女性去嗅，而魏德金的实验中，T恤脱下来之后立刻就让女性参与者去嗅。所以如果相容性基因相关的气味随着时间的流逝或因冷冻而消失的话，后面这项研究采取的冷冻这一步，对实验结果的影响肯定很大。同样，2008年的这个实验，女性是嗅了所有的T恤的气味之后再逐一打分，而魏德金的实验中，女性是嗅一件，就给这件打分。没人知道这个会不会对结果产生影响。

不过2008年的这项实验确实显示，女性在服用避孕药后，对相容性基因相似的男性的气味偏好有小幅增加，这个结果和魏德金的实验结果一致。即使如此，在服用避孕药方面得出的结论仍然有待商榷。因为很难确定避孕药就会对女性的气味偏好确实有所影响，也可能还有别的跟服用避孕药有关的因素，如是否单身，如生活方式等。

还有一个实验，是伊利诺伊州芝加哥大学的一个团队在2002年做的，其结果令人震惊：女性自身的相容性基因对其偏好的影响，会根据她的基因是从母亲那儿还是父亲那儿继承的而有所不同。实验方法很眼熟：男性穿过两天的 T 恤，女性去闻，然后给气味打分。不同的是，打分的人除了女性之外，还有她们的父母！另一个不同，所有参加实验的女性都来自一个特殊的宗教团体——胡特尔教派（Hutterites）。胡特尔派是基督教新教再洗礼派的一个分支，来自欧洲，现居北美，是一个组织严密的教派，不允许使用口服避孕药，相容性基因的多样性相对来说比较有限。这个实验，要求胡特尔教派的女性给教派外的男性穿过的 T 恤打分。

这项研究得出的结论，其中之一是，没有哪位男性的体味是所有或者大多数女性喜欢或讨厌的；其二是，偏好各异。所以学生和政治家完全不必对魏德金的研究计划感到恐慌，因为这些研究显示，多样性才是关键；没有哪种体味更受人欢迎，每个人的体味都有人喜欢。但是有一个结果出人意料，胡特尔教派的女性，偏好那些和她们的父亲的相容性基因类似的男性的体味，偏好跟母亲的基因无关。也就是说，这些女性喜欢闻起来和她们的父亲气味相似的男人的气味。

一位著名的科学家对这项研究结果发表评论说，实验显示的相容性基因对行为的影响，和它们在免疫学方面的重要性相悖。此外，2002 年的这个实验结果是，女性偏好相容性基因相似的男性的体味，而魏德金的实验结果是，女性偏好相容性基因不同的男性的体味，所以这两个实验的结果完全相反。魏德金对此发表了一篇文章，批评这项研究采用的统计学分析方法——跟多年前魏德金本人所遭遇的境况一模一样——而芝加哥团队只是简单回答说他们的分析方法完全没有问题。

其实，结果不同，并不意味着哪个团队的发现就是错误的。相容性基因对行为的影响有多个方面，如避免近亲繁殖、确认家庭成员以及保持免疫系统的多样性等。所以体味是否令人愉悦、是否有吸引力、是否性感，也许要看实验所处的环境和气氛、提问的方式，以及参与实验的人所处的文化背景，等等，这些很难全面考虑到。所以，在某种情形下，女性可能会偏好相容性基因类似的男人的体味，换种情况，结果可能就完全不同。我们都知道，觉得他人是否性感，其实是非常主观、非常情绪化的，所以这些实验如果在影响体味感受方面的条件稍有不同，得到的结论可能就大不一样。

尽管困难重重，但是弄清楚我们是如何嗅出相容性基因的问题，也许对相关知识的理解能有所裨益；而且同"为什么"

相比，"如何"比较容易对付。一种可能性是 HLA 蛋白（或在凹槽处的肽）能被直接嗅出来。小鼠尿液中有蛋白质的碎片，小鼠鼻子里的感觉神经元有受体，这些受体也许能模仿免疫细胞中检测 HLA 蛋白的受体，从而捕捉到相容性基因的气味。人类 HLA 蛋白是在血液中，而血液不会挥发，也就是说，不容易转化为气体，所以要嗅出 HLA 蛋白的气味，恐怕不太容易。还有一种可能，即相容性基因也许能以间接的方式为人感知到。许多科学家，包括魏德金，认为可能有某种能挥发的物质和相容性基因的版本有关，而这种能挥发的物质，人类能直接嗅出来。

大多数关于气味和相容性基因之间的关系的实验都是拿小鼠做的，因为使用近亲系小鼠做实验，可以比较相容性基因的特异性差异。研究人员曾经做过两种不同类型的实验：一种方法是捕捉鼠尿挥发的化学物质，分析成分，看是否与相容性基因有关；另一种则是直接分析鼠尿成分，分别用 Y 形迷宫来测试，看小鼠是不是仍然能分辨出相容性基因。但是这两种实验方法都没能给出令人满意的结论。科学研究就是如此，科学家往往付出了巨大的努力，但突破性的成就却总是可望而不可即。

　　有些实验的结果显示，鼠尿中少量挥发性的化学物质可能和MHC蛋白有关，但是不同的研究团队报道的结果却经常相互冲突。问题是，鼠尿中的化学物质太多，即使鼠尿成分会因小鼠相容性基因不同而出现差异，也会因健康状况、年龄、体重、所吃食物、饮用的水质、撒尿的频率等的不同也有所不同。所以目前，虽然有些证据表明小鼠能通过嗅觉检测到相互之间的相容性基因，但是到底是如何做到的，科学家的看法仍然不一致。莫奈尔化学感官中心的比彻姆承认，"没能弄清楚这到底是怎么回事。这一直是我一生中最大的失望"。

　　然而，这不仅仅是关于小鼠和人的故事。在动物王国，棘鱼也通过气味来挑选伴侣。科学家也对棘鱼做过类似Y形迷宫的实验：在水缸中放入雄棘鱼，造浪推动这些雄棘鱼分别沿不同的通道前游，雌棘鱼可以从中选择。实验显示，棘鱼气味的性感度也受到相容性基因的影响。不过结果中有一个小惊喜。

　　人类（和小鼠）的相容性基因的数量是固定的，但是变体较多，魏德金的T恤实验以及类似的实验，考虑的是基因的多样性。但是，棘鱼的基因数量却彼此不同。在实验中发现，棘鱼的某个相容性基因有2~8个不同的版本，而它们在根据气味挑选交配对象时，检测的不是对方的基因和自己的是否相似，而是看对方基因的数量。

这种行为很可能旨在获取免疫系统基因的最佳遗传效果。但是，并不是相容性基因数量越大越好，远没有这么简单。棘鱼选择的标准是想要达到一种平衡，确定免疫系统有多少基因对自己最有利，这个和我们在第5章讨论人类基因的情况一样。人类为什么不多一些相容性基因呢，如果有数百个，那不是更好？事实并非如此。如果人类有大量不同的HLA蛋白，固然可能检测到身体中更大数量的外来物质，但是也可能会无意间对自身细胞和组织产生伤害。一个平衡的免疫系统是最好的。

这里提到的雌棘鱼的情况也差不多，实验结果显示，如果雌棘鱼本身相容性基因数量已经很多的话，对同样基因数量较多的雄鱼就不那么热衷，而本身相容性基因数量较少的雌棘鱼，就会迷恋基因数量较多的雄棘鱼。

事实上，大部分棘鱼体内这些特殊的相容性基因的数量为6，其他的，有的多有的少。之所以会有这种多样性，也是棘鱼通过交配选择达到的一种平衡，因为数量的多少影响棘鱼对不同疾病的易感性和抵抗力。也就是说，基因数量较少的鱼强于抵抗某种疾病，而数量较多的，则对别的种类的感染更具抵抗力，这与人类群体中有镰状细胞贫血基因的情形类似，这种基因虽然可能会使人类罹患镰状细胞贫血，但也能帮助人类防范疟疾（见第 5 章）。有证据表明，棘鱼的情况也是如此，相容性基因数量较少的棘鱼更易受到某种寄生虫的侵扰，当然，这些鱼也许对别的病更具有抵抗力。但是因为针对鱼类基因对疾病进程影响的研究少之又少，远远比不上对人类 HIV 的研究，所以，这也只是猜测，尚需研究。

根据已有的研究和试验，我们知道，小鼠和棘鱼的免疫系统基因在选择配偶上起到一定的作用，不同的物种，方法不尽相同。

一般认为，人类的嗅觉和许多动物的相比，相对来说较弱。到底有多弱，还有争议，但是更重要的是，我们选择伴侣，在一定程度上受到社会习俗和文化的影响，而动物没有这回事。所以虽然目前所有的研究都认为，相容性基因能影响择偶，但是没有哪个实验能够说清楚，在有那么多如此复杂的因素影响我们择偶的情况下，相容性基因的影响到底是不是一个重要的因素。

一种评估相容性基因对人类行为的总体影响的方法，是检测已婚夫妻（或已经确定了恋爱关系的情侣）之间，相容性基因相似的概率是否比随机的要高。罗斯·佩恩（Rose Payne）是最早开始从事 HLA 研究的一位科学家，我们在第 3 章提到过，她在 1983 年对此做了研究，发现实际上，配偶的相容性基因相似的概率较高，这和魏德金的带体味的 T 恤实验结果相反。然而，佩恩的分析涉及多个不同的种族，如果人们倾向于和同种族的人在一起的话，光是这一点，就能解释为什么配偶间相容性基因相似的情况比较多。佩恩是在旧金山做的实验，在那里，人们确实更倾向于和自己同种族的人通婚。如果把佩恩的数据和魏德金的综合起来看，可以得出这么一个结论，在我们选择伴侣的时候，社会和文化习俗的影响横扫相容性基因的影响。

其他的研究则没有发现相容性基因和择偶偏好有什么关系。看样子我们不得不接受这么一种观点：相容性基因对人类最终决定和谁在一起共度余生，几乎没有什么影响。但是认为基因在择偶偏好方面十分重要的科学家指出，HLA 基因的多样性如此之大，而现有的实验对象数量太小，完全无法检测出相容性基因的影响。

不过，在1997年，有一项研究的确找到了某些证据，证明择偶确实偏好HLA型不同的对象。有趣的是，研究对象是胡特尔教派的社区，而这样的社区中，许多社会和文化趋势和其他地方的非常不同，这也许是能够检测到相容性基因发挥作用的主要原因。而且，这些人的相容性基因多样性有限，实验也较容易捕捉到相容性基因对择偶产生的影响。

综上所述，相容性基因影响了某些动物的择偶。有证据显示（虽然这些证据有争议），人类的择偶也许也受到影响。但是这种影响有多大，尚不明确：有些科学家认为非常有限，有些科学家则觉得这影响不容小觑。最大的问题是，无论是动物还是人类，相容性基因是如何和嗅觉有关的，仍未可知。很多科学家都认为，其工作原理的分子结构方面的细节，也就是动物或人类是如何嗅到彼此的相容性基因的方式，需要得到更多的研究，这样才能确定相容性基因对择偶的影响到底有多大。我也持这个观点。但是比彻姆，也就是帮助设定早期Y形迷宫实验的那位科学家认为这种批评不公平：我们知道，咖啡散发出特殊而又迷人的香味，其原理，你知或不知，香味就在那里，轻嗅一嗅，令人迷醉。

你为什么与众不同
——相容性基因

　　即使相容性基因只是影响我们择偶的因素之一，其意义也非同小可。也许相容性基因的进化，第一步是让个体能分辨自己的亲属；其后，这些基因被免疫系统绑去用来搜寻疾病。从根本上说，伯纳特在1949年开辟的研究领域，即人体是如何区分"自我"和"非我"的，已经飞速扩张，到了伯纳特本人做梦都想不到的广阔无垠。相容性基因也许能用在更高层次的区分"自我"和"非我"，影响到我们下意识地去感觉家庭成员、陌生人或爱侣。我们在这方面的理解仍然含糊不清，需要更多的研究，但事实上，这意味着相容性基因的研究已经比我们最初想的要更深入。接下来，就是你的大脑了。

相容性基因在大脑中

　　平克·弗洛伊德（Pink Floyd）的摇滚专辑《墙》讲述了一个故事：我们在自己周围建了一堵墙，不让外人窥探到我们的情感。当整个社会都认为女孩子不会对科学感兴趣的时候，实际上是给这堵墙又增添了一块砖。神经科学家卡拉·沙茨（Carla Shatz）敏锐地意识到这种情况需要改变，她也以身作则参与这种改变。沙茨是哈佛大学第一位拿到神经生物学博士学位的女性，也是第一位在斯坦福医学院赢得终身职位的女性基础科学家，而她得到雇用，是因为当时有一个吸引更多女性就职的男女平等政策。之后，她因为获得巨大的成就而成为第一位领导哈佛大学神经生物学系的女性主任。她热爱斯坦福大学，最终又回到那里，但是在提到她在哈佛大学的工作时，她说："我没法拒绝这个工作，我觉得我肩负一个使命，应该代表女性参与最高级别的研究和管理工作。"

许多科学家在他们的研究领域之外，还有其他事业，因为正如在科学知识领域开拓一条新的路径需要坚忍的意志一样，在驱动社会态度变迁方面，也需要类似的意志，两者，都要求对现状持一种思维健全的蔑视的态度。很多伟大的科学家在这两个方面都游刃有余。

作为管理者，沙茨一直都努力帮助别人获得工作与生活的平衡。她认为，每人所需不同，有些人希望自己的孩子能够得到妥当的照顾，有些人则希望能帮自己的伴侣找到工作。她说她明白，要在职业的丛林中搏杀，同时还要兼顾家庭，对任何人来说都是极为巨大的挑战。沙茨面临的挑战来自她没有成家。她一直考虑在什么时候生儿育女，但是随着职业生涯不断取得成功，等得太久，最终没能等到。

沙茨打破了职业的玻璃天花板后，又打碎了另一个无形的障碍，即流行的科学教义。当时，科学界已确定相容性基因编码的蛋白质在免疫系统中至关重要，但是并不认为这些基因和神经元有什么关系。沙茨和她的团队在 20 世纪 90 年代末做了一系列的实验，发现这些基因事实上也在大脑中发挥作用。立刻，他们想到，我们大脑内神经元的连线可能与来自免疫系统的关键蛋白质有关，而且，再一次，事实证明，相容性基因的力量比我们想象的更为强大。

细胞获得能量的基本过程在各种不同细胞类型中非常相似，所以人们认为，许多基因和蛋白质在神经元和免疫细胞中都有活性。但是相容性基因，以及他们编码的蛋白质，并不参与细胞一般所做的工作。它们特别适应免疫系统的工作，所以没人想到它们在大脑中也如此重要。事实上，当时的教科书把大脑视为免受免疫反应的特殊器官之一，所以确实有理由认为大脑中没有这些蛋白质。之所以这样认为，是因为大脑如此重要，以至于如果大脑内也有免疫细胞像在别的地方那样巡视，太过冒险。免疫反应，以及无法避免的对染病组织的摧毁，都可能对大脑造成损伤，而且这种损伤可能非常巨大，所以最好要避免这种可能成为现实。为了达到这个目的，所谓的"血脑屏障"会严格控制，不让免疫细胞进入。然而，我们现在知道，在有些情况下，大脑内确实可能产生免疫反应。现在通行的看法是，大脑在一定程度上受到不产生免疫反应的保护，而不是全然不会。不管怎样，沙茨的工作成就并不在于只是发现在大脑中有免疫系统的蛋白质，还在于她发现，这些蛋白质之所以出现在大脑，与抵抗感染没有任何关系。

沙茨最初并不是研究免疫系统或相容性基因的。她的研究方向是大脑如何解释眼睛接收到的影像。在读本科时，沙茨去听了乔治·瓦尔德（George Wald）所作的讲座《迷人的视觉》，大受启发，迷上了"我们是如何看见的"，这融合了她对艺术和科学的热爱。瓦尔德在视网膜研究方面取得了巨大的成果，并于 1967 年获得诺贝尔奖，名声极大。沙茨在 1971 年到 1976 年在哈佛大学读博，研究神经学，在生于加拿大的大卫·胡贝尔(David Hubel)和瑞典人托森·维塞尔(Tortsen Wiesel)的指导下从事研究。胡贝尔和维塞尔当时正在做开拓性研究，取得的成就让他们在 1981 年获得诺贝尔生理学或医学奖。沙茨加入了他们的团队。

沙茨的博士生导师胡贝尔和维塞尔的合作始于 1958 年，一直到 1983 年，共计 25 年，他们一直在研究大脑如何解释眼睛所看到的东西。在人脑内，大约有 200 亿个细胞或神经元，每个之间的连线，或者说突触，有约百万的四次方个，也就是 1 000 000 000 000 000 个。人们普遍认为，神经元之间的接触方式决定所有的情绪、思想和记忆，在某种程度上，类似于"电子线路的配置决定其作用"。

当时有一个关键的技术进步，让胡贝尔和维塞尔可以探测得到当动物——常常是猫——在看到投射在屏幕上不同的形状时，它的哪部分大脑神经元会被激活。胡贝尔是个技术高手，他制作了一根细线，或者说是电极，这根线非常精细，足以用来检测单个神经元的活动。电极连到一个仪器上，当某个神经元被激活，仪器就会记录下来，或者发出声音。

随着这项技术的进步，他们发现了一系列有关视觉如何运作的信息。胡贝尔注意到，当他开关灯的时候，大脑中的神经元什么都不会做，但是他挥手时，神经元便活动起来，这令他们首次发现，动物"看"的方式十分复杂。通过一系列精心设计的实验，这两人发现，当动物看到一条光线向某个特定的方向移动时，某个特定的神经元就会做出反应。举个例子，当动物看到一条光线指向钟表上的2，而不是1或者3时，有个特定的脑细胞就会被激活。除了这种特定指向性神经元被激活外，他们还发现，边缘或者边界的移动，对确定哪些脑细胞被激活非常重要。通过这种方式，胡贝尔和维塞尔可以绘制出他们所谓的视觉皮质的功能结构。

你为什么与众不同
——相容性基因

在此之前，人们认为眼睛所见以某种方式投射到大脑中的细胞上，有点类似于将图像像素化，并在电视或计算机屏幕上显示出来。但是胡贝尔和维塞尔发现，视界得到了处理和解释，这样，相比任何静止的背景，眼睛更容易捕捉到一个移动的物体。这样的事情在人们的生活中比比皆是，一晃眼，都能看到移过视线的东西。例如，当鸟儿在树丛中时，你可能根本就没注意到，但是一旦它飞离树梢，马上就会落入你的眼帘。他们的研究开始确定我们的大脑剖析我们所看到的世界的方式。

两位科学家合作如此之久，在科学界极为罕见。胡贝尔说起他们两人的关系，笑道："如果没有托森盯着工作，我可能会把时间都花在设计各种设备，而不是生物学上了。"科学史上，做出过巨大贡献的专家学者性格各异，他们的人生也丰富多彩，但是胡贝尔和维塞尔却说他们很抱歉，"没有过更冒险的人生。既没有爬过珠穆朗玛峰，也没有参加过法国抵抗运动 ①，更没有航海环游世界"。科学就是他们的大冒险。

---

① 法国抵抗运动：第二次世界大战期间，法国人抗击纳粹德国对法国的占领，以及对卖国的维希政权的抵抗运动。

弗朗西斯·克里克（Francis Crick），DNA 的双螺旋结构的发现者之一，意识到胡贝尔和维塞尔的发现已经能让人窥探到以前根本无法涉足的大脑世界，便邀请胡贝尔到克里克工作的位于加州拉荷亚的索尔克研究所，给十来个顶级的分子生物学家们办了个小型的研讨会。胡贝尔计划做 1 小时的讲座，结果实际花了 3 小时，结束时，这些与会者对胡贝尔提出了无数的问题。这些了不起的科学家显示出来的热情，让胡贝尔信心十足，感觉自己的工作的确十分重要，用他自己的话来说，绝对不会枯燥乏味。神经科学激起了克里克极大的兴趣，令他想把胡贝尔揽至麾下，调职到索尔克研究所来。但是，如果没有维塞尔，胡贝尔就不来，而维塞尔呢，如果他的另一个同事不来，他就不来，结果他的另一个同事又说如果他的其他的同事不来，他就不来……就这样，这个招募未能成功，但是克里克仍继续频繁地与胡贝尔接触，据说，克里克一直在修改一篇关于大脑的文章，也是他一生中最后一篇文章。他一直在修改，一直在编辑，直到 2004 年他去世时，仍未改完。

胡贝尔和维塞尔仍然留在了哈佛大学，接二连三又有了许多重要的发现。他们观测到，大脑后部的不同细胞小块区域会对来自左眼或右眼的信号发生反应。当盖住一只眼睛时，小动物的大脑会重新布置细胞带，让更多的神经元去接受并解释未遮住的那只眼睛发送的信号。这表明，大脑的视觉部分的基本连线是出生时就有了，但是，非常重要的一点是，这种连线并非就此固定永远不变。相反，这部分大脑细胞的分布构置会在生命中非常关键的早期，根据眼睛所见而进行发育。这个研究证实，大脑细胞的分布构置能发生改变。沙茨想要研究的，正是这个方向，大脑依赖于活动而发生的结构重组。她想要弄清楚这一切到底是如何发生的，想要确定到底是哪些基因和蛋白质被激活，才会导致大脑因响应眼睛发射的信号而得以发展改变。

对沙茨而言，这个研究方向使她能够探索"大脑是如何通过学习和经历来发生改变"的宏大的课题，也使她得以更进一步去理解自然（基因）和抚育（眼睛所见）之间错综复杂的缠结对大脑构置的影响。沙茨认为要弄懂大脑到底是什么，这个就是关键，因为就是这种适应性或可塑性，使大脑比超级电脑更为复杂。实际上，人类的经验和实践可以重组神经元的连线，从而改变大脑的硬件，这一点，所有的人造电子产品都是不可能做到的。

沙茨认为解决这个问题的最好的办法，就是在猫的大脑视觉部分的发育过程中，使用药物去阻止其神经活动，然后确定哪些基因发生了改变。通过实验，她发现，当大脑细胞对视网膜传递的信号做出反应时，有一些基因被激活。出乎意料的是，她发现，相容性基因的活动增加，而且与神经元活动相关，这表明，这些免疫系统基因在大脑的这一部分的重组中，可能起到了某种作用。

沙茨把自己的发现提交给顶级科学期刊《自然》，希望能够发表。然而不久后，一个编辑回信与她，说尚不能发表，甚至都不能提交同行评审。该编辑已从两位免疫学专家处得到反馈，他们都说这个研究肯定有什么地方出了差错，因为人人都知道神经元并不会使用这些基因，这些基因只在免疫系统发挥作用。《自然》的反馈让沙茨意识到，她的研究成果与权威理论相悖，需要更多的证据，才能让人信服。

用猫来做实验比较困难，因为猫科基因研究得比较少。所以沙茨转而拿小鼠做实验，因为小鼠的基因变异较容易获得，其结果也容易得到认同。沙茨意识到，她可以使用缺乏相容性基因编码蛋白质的小鼠，这样的小鼠之前都是用来证实这些蛋白质对小鼠抵抗感染的重要性。沙茨可以检查这些变异对小鼠大脑的结构会产生什么影响，虽然这种小鼠已经用于实验多年，但是这个方面的问题，之前无人涉猎。

虽然这些小鼠外观上看起来很正常，但是在解剖后，沙茨发现在其大脑的视觉部分，分布结构已经发生了改变。她发现，变异小鼠大脑中的神经元连线的数量，比正常小鼠的要更多；而这种神经元连线数量太多，表明在这部分大脑发育时，MHC蛋白质在修剪不合适的突触方面十分重要。她的团队转而研究另一种变异小鼠，这一次，则是缺乏白细胞中一种很重要的蛋白质。她发现，在大脑分布结构方面也发生了同样的改变，这表明，免疫细胞使用的其他蛋白质在大脑中也十分重要。

由于沙茨一直和胡贝尔、维塞尔一起工作，所以她的注意力集中在大脑的视觉部分，但是在最初的发现后，一个问题冒了出来，是不是只有大脑的视觉部分才会受到这样的影响？为了回答这个问题，她的团队决定看看大脑的其他部分，即海马，也就是神经元之间的连线随着记忆的形成而增强或减弱的地方。在制造MHC蛋白方面有缺陷的小鼠体内，刺激海马神经元，会得到异常强大的信号。这表明相容性基因在大脑视觉部分以外的地方也会起到作用，影响对巩固长期记忆十分重要的区域。

沙茨得出结论，在大脑中的神经元连线，即使是在海马区域，都会受到以前认为只在免疫系统工作的蛋白质的影响。对这个发现，绝大部分科学家持谨慎和怀疑的态度，这让人联想到数年前科学界对魏德金的带体味的 T 恤实验的反应。认为 MHC 蛋白对大脑结构有影响，感觉就像有人说他家花园里有独角兽一样，肯定会让人心生疑窦，难以接受。

并非每个人都认为沙茨的数据是故意做假（事实上，科学界造假是非常罕见的情况，每年发表的 140 万篇论文中，大约只有 300 篇左右会正式撤回），而是大家都知道，发表的每篇论文并非全然正确无误，有可能因为各种原因而出现谬误。偏见可能会蒙蔽做实验的人的眼睛，试剂或化学品的反应可能和预期的并非一模一样；实验过程可能没有控制好；或，最糟糕的是，科学家可能会想出某些借口去剔除某些和理论不符的数据，例如，某些药物如果剂量过高，其效果可能和猜想不符，所以研究者就会忽略这个现象，在论文中只写进该药物在低剂量服用时产生的效果。所以已发表的那些论文，很难直截了当地区分正确与错误，因为科学家是在花了很长时间做了一系列复杂的实验后，把他们的工作成果写成"故事"，也因此，不符合其叙事主题的东西，就会有意无意地忽略掉，排除在他们的"故事"之外。

而沙茨的工作，对其主要的争议在于，无人对 MHC 蛋白是如何影响大脑中神经元突触系统有详尽的了解。只要任何现象与期待不符，生物学家就想要一个合理的"它是如何运作"的解释，然后才会接受新的理论。准则就是如此：告诉我它是如何工作的，我才会相信它是真的。虽然大部分科学家心存怀疑，但是同时他们也很好奇，如果她是对的，亟待解决的问题就是，这一发现是不是反映了少数分子会承担另外一种不同的任务；或者更确切地说，这一个发现，是否揭示了神经系统和免疫系统之间存在着最基本的联系。

考虑到相容性基因，以及它们编码的蛋白质，有数量非常大的变体，大脑不太可能给它们配套上那么复杂的系统，除非它们的多样性在大脑中也起到某种重要的作用。但是这种说法本身就有缺陷，因为它要求我们，还有其他的生物，都已经进化到能有效或理性地工作。事实上，自然界有很多这样的例子，即使不是平滑如镜，万物也能正常运转。我们通过进化而变成现在这个样子，而进化的方式意味着每样事物都是在之前的基础上发展变化，而不是天生就完美无缺。

比方说，男性生殖系统里有一根薄薄的管子，叫作输精管，把精液从睾丸运送到尿道（也就是在输精管切除术中切掉的那部分连接睾丸和尿道的通道）。这根输精管并不是一条直线直达尿道，而是绕了个弯，从该区域另一条管道，即输尿管的上方绕了个圈子，来了个 U 形转弯。为什么不是一根直线呢？没道理要这么绕个弯啊？但事实就是如此，输精管碰巧就进化成这个样子了。对此曾有一种解释，认为人类在进化的过程中，睾丸的位置发生了改变，因此，输精管就挂在了输尿管的上头，而不是垂在下面，成为一条直线。所以，万物并不会进化成一个完美的样子，也因此，我们不能想当然地以为大脑使用和免疫系统同样的分子，是出于某个触及根本的动机；也许只是进化使然。要想接受"免疫系统和神经系统关系非常密切"的观点，而不是某些分子的循环利用，就需要更确切的证据。

　　前面我们已经详细讨论了相容性基因是如何影响到我们对各种传染性疾病的易感性和抵抗性的，还讨论了这些基因的变异会导致许多神经性疾病，如精神分裂症和躁郁症（躁狂抑郁性精神病）。这已经表明相容性基因和神经系统关系密切。但是研究精神分裂症和其他神经系统疾病的研究者对基因的重要性看法不一。虽然数十项研究把相容性基因和精神分裂症联系在一起，但是争议仍在，因为关于那些基因变体是该病风险因素方面，每个研究得出的结论都不相同。也许是因为在他们的研究中，每个团队使用的诊断标准不尽相同。众所周知，精神疾病很难分类，所以有可能，对于这种很难定性的疾病而言，无论如何定义，得到的结果其实是相似的，即不同的相容性基因都起着重要的作用。至少在原则上，相容性基因影响神经系统疾病的方式最少有 3 种。

第一种可能的方式：一个感染可能会引发某些精神疾病，而相容性基因之所以和神经系统疾病有关系，正是因为这些基因在免疫系统中起到作用。在这种场景下，这种联系就同相容性基因影响我们对传染性疾病如 AIDS 的易感性和抵抗性一模一样。

第二种可能的方式，则以罕见的睡眠障碍——嗜睡症（发作性睡病）为代表，这种疾病是所有疾病中和 HLA 基因关系最为密切的。大约 1/2000 的人受到该病影响，病人的大脑无法调整出正常的清醒和睡眠周期。病人在白天异常入睡，而在晚上，睡眠质量非常糟糕。绝大部分嗜睡症病人有二类相容性基因的特定版本——它们几乎存在于所有嗜睡症病人体内，但是没有罹患该病的人群中，也挺常见，所以这些基因并不足以造成嗜睡症，而是在引发嗜睡症的发生方面起到一定的作用。现已有证据表明，某些病人的嗜睡症是一种自身免疫疾病。也就是说，这些病人的免疫系统发生错误，袭击了自身的健康组织，所以引发该病。疾病症状的出现，有可能是因为免疫反应攻击了调节睡眠和清醒周期的神经元。其证据是，嗜睡症病人大脑中，神经元制造的一种蛋白质引发了免疫反应。由此可见，因为 HLA 蛋白在一定程度上辅助了针对健康神经元的免疫攻击，所以可能会影响人们对嗜睡症的易感性。

第三种可能的方式：这些蛋白质可能直接和沙茨的发现有关，这些蛋白质能影响大脑构成的神经元连线或突触。在体内的任何免疫反应期间，免疫细胞会分泌蛋白质，即细胞因子。细胞因子可以做很多事情来帮助免疫反应，其一是增加 MHC 蛋白的生产。所以如果 MHC 蛋白对于塑造正在发育的大脑很重要的话，免疫细胞分泌细胞因子的时候，这种情况的改变就可能使大脑结构变得异常。但是这还只是个想法，只能说这样是可能发生的情况。可惜的是，大部分精神疾病的病因目前仍然是个谜。

除了疾病外，沙茨的发现也引发了另外一个问题：相容性基因是否会影响正常的大脑功能。在某种程度上，这比对病程的影响更为微妙，更难以得到答案。她的观察结果表明，

你为什么与众不同
——相容性基因

MHC 蛋白在"大脑如何响应外部刺激而发生变化"这方面很重要——无论是在视觉皮质区域还是海马区域——沙茨和她的团队在 2008 年决定，继续调查 MHC 蛋白是否会影响学习，因为学习这个过程肯定与大脑的变化有关。

要想测试免疫系统基因是否会影响人类的学习过程，极为困难，甚至也许绝不可能，但是沙茨可以用小鼠做实验，这样要简单得多。首先，沙茨得弄清楚哪些相容性基因在小鼠的大脑中得到使用。人类的一些基因如 HLA-A，HLA-B，HLA-C 等，变体极多，人与人之间的差异极大，这些基因称作经典相容性基因。还有一些基因在人类和动物身上都有，这些基因编码形状相似的蛋白质，个体之间的差异不大，称作非经典相容性基因。沙茨早期的工作并没有把这两类基因区分开来，但是在他们进入研究学习过程阶段时，团队把注意力集中在小鼠身上的经典相容性基因，这些基因相当于人类的 HLA-A 和 HLA-B 基因，个体间这些基因差异极为巨大。

对小鼠进行基因改造，使其缺失这些经典相容性基因，结果发现，这些小鼠大脑基部的小脑确实存在缺陷。更确切一点说，即突触削弱的方式不正常。这与沙茨发现的大脑的其他部分所发生的情况类似。小脑主管运动学习，即通过练习而学会某些技能,如骑自行车。虽然小脑到底是如何主管运动学习的,我们知之甚少,但是一般都认为,运动学习需要以某种方式重新配置神经元之间的连线,有些需要加强,有些需要削弱。沙茨推想,如果相容性基因能影响小脑中哪些突触被削弱,那是不是会影响小鼠学习某项技能的能力呢?

为了直接验证这种推想,沙茨的团队使用了一个简单的器械——旋转棒,一种旋转的水平圆柱体。小鼠在旋转棒上需学会保持平衡,不掉下来。旋转棒对小鼠并不会造成什么伤害,因为它并不高,小鼠即使掉下来也不会受伤。实验过程中进行计算时,看每只小鼠在旋转棒上能待多久,以此来衡量小鼠的能力。经过一番练习之后,正常的小鼠能在旋转棒上保持平衡 1 分钟左右,但是缺乏等同于人类 HLA-A 和 HLA-B 基因的小鼠,却能在旋转棒上保持平衡长达 2 分钟。缺乏这些基因的小鼠并不是自然生成的。这项实验通过基因改造,特意使某些小鼠缺失这些基因,再把它们同正常小鼠的表现进行比较,实验显示,相容性基因的确能影响小鼠的学习能力。

接着,让实验小鼠终止训练,4 个月后再进行旋转棒平衡实验,结果发现,经基因改造的小鼠在旋转棒上保持平衡的能力仍然比一般小鼠更强，这说明，缺失这些基因的小鼠也能更久地记住已学过的技能。

到这儿，相容性基因能做的，已经多得超乎我们的想象。回忆一下我们第1章说到的彼得·梅达沃，最初打开相容性基因大门的科学家，我们的英雄，若他能得知相容性基因的真正面目，是否会像有个外星人在他耳边呢喃：彼得，你研究的那些基因，那些控制移植排斥反应的基因，还能够抵抗感染，帮助整理大脑，还能够影响学习能力。想象一下，梅达沃的反应会是什么样子？

然而，虽然结果令人震惊，但是至少还有两个障碍需要跨越，沙茨本人也意识到了。首先，人类（而不是小鼠）是否在大脑中也同样这么运用 MHC 蛋白，这个尚未可知，而且也很难想出一个不违背伦理的方式来进行实验。其次，沙茨的实验只显示出，在完全缺失相容性基因的情况下，小鼠的大脑受到影响，这是个人为的情况，用于检测如果移除蛋白质会发生什么事情。这并没有真正说明，相容性基因的自然多样性对大脑是否有影响。相比使所有的基因皆丧失能力，要研究基因的差异给大脑造成的影响，当然更为困难，更难以捕捉。

目前我们对大脑中的相容性基因的了解，尚未从数十年的研究中获得多大收益，无法让每个人都像认同梅达沃和伯内特的工作的重要性那样，认同沙茨的发现的重要性。到目前为止，沙茨的工作，以及过去十年其他科学家所做的发现，尚不能得到一致认同，而其原因，只是因为发现的时间太短。几乎所有的科学教材书中的定论，都是经历了多年艰苦卓绝的工作以及正反两边的辩论，而大脑中 MHC 蛋白的作用，到目前为止，还没能达到教科书水平。很多科学家可能会认为，像我写的这样一本科普性质的书也应该坚守已经确定了几十年的观点，我的看法则是，再也没有什么比科学发展前沿提出的新理论更激动人心的了，而在 21 世纪，大脑研究已经到了突破的时候。

例如，在 2011 年，32 000 多人参加了在华盛顿举办的神经科学大会，而在 40 年前，同样的会议只吸引到 1000 余人。再也没有其他的科学学科可以举办这样一个体育馆规模的讲座了，沙茨说她当时感觉好像每个人都成了神经学家。当她在 1998 年首次公布数据，说明相容性基因在大脑中也十分活跃时，她是唯一提交相关论文的人，而在 2011 年的神经科学大会中，关于免疫系统基因是如何影响大脑和神经系统的论文已经满坑满谷。事实上，目前，人们已经了解到，有许多免疫系统的构成部分会对中枢神经系统产生影响。

例如，免疫细胞用于检测细菌的受体，能影响到中风时大脑损伤的程度。这个发现以及其他几个相应的发现，已经证实，免疫反应会触发或恶化中风和许多其他神经系统的问题。其临床意义是，针对免疫系统成分采取措施，也许能缓解症状。例如，用于阻止免疫细胞分泌细胞因子的药物，可以改善因中风或脑外伤的神经元损伤造成的症状。沙茨所发现的免疫系统和神经系统的联系，也许很快就会在临床医学发挥作用，但是当我在 2011 年 11 月和沙茨说起这个时，她回答说："跟所有的发现一样，一开始，每个人都认为它是错的，然后每个人又会自己去挖掘真相，最终，每个人都会忘记，其实你才是首位看到新天地的人。"

回过头来看，也许"免疫系统和神经系统共用同样的分子"的观点也并不是那么让人惊讶，这些系统肯定有着密切的联系。我们在生病的时候，都感受过伤心或困倦。免疫反应和所有的生理过程都有关联。例如在有压力的时候，身体会释放类固醇激素，改变身体的能量使用方式，提高血糖含量。而这个类固醇激素，也会抑制免疫反应。这些激素会关停过度炎症，因其会在不必要的情况下损伤组织，这就表明，可以给预防哮喘的吸入性喷剂加入类固醇激素，以减少气管内的免疫反应。而急性损伤会引发释放肾上腺素，肾上腺素的效果正好相反，它会刺激或引发免疫细胞采取行动。

神经系统和免疫系统之间的互动是双向的，免疫细胞分泌的东西也会影响大脑和中枢神经系统（而这很可能是我们在生病的时候会感觉不好或想睡的原因）。事实上，有这么一个巨大的神经–免疫循环网络，对我们的健康至关重要。例如，锻炼会影响在血液中循环的各种激素和其他蛋白质的含量，包括肾上腺素和皮质醇的水平，而这些转而又影响到免疫反应。经常锻炼可以产生抗炎效果，保护身体抵抗疾病，而慢性免疫反应正是疾病的一种表现，如 2 型糖尿病。

在这个领域继续研究很重要，但是下一步怎么走，也就是如何去获得科研基金，可以关注一下沙茨，她的发现来自他们对视觉是如何工作的探索，而不是特意去研究免疫系统和神经系统的交叉关系，或者直接瞄准某种特定的疾病。如果把埋头只搞免疫细胞或神经元的科学家联合起来，促进他们交叉互动，也许能擦出火花。讨论这两种细胞的差异和相似之处，也许能得到更多。

1994 年，在贝塞斯达国立卫生研究院工作的免疫学家比尔·保罗（Bill Paul）和鲍勃·塞德（Bob Seder）写了一篇虽属推测但影响力极大的文章，认为神经元和免疫细胞在工作方式上有相似之处。他们之所以这样认为，是因为有人在1988 年所做的实验结果显示，免疫细胞会朝一个特定的方向分泌分子，而神经元也是这样做的——这一点早就确认了。这个实验的重要性在于，它显示，免疫细胞和神经元都能影响到临近的另一个细胞，而不是影响到附近的所有细胞。保罗和塞德的文章发表后不久，在丹佛的国家犹太医学研究中心工作的亚伯拉罕·"阿维"·库普弗（Abraham "Avi" Kupfer）（他妻子汉娜也跟他一起在中心工作）所做的实验直接显示，免疫细胞和神经元的工作方式有着惊人的相似之处。

库普弗是在用高倍显微镜观察活动中的免疫细胞时获得这个发现的。1995 年，他参加了一场著名的基史东专题研讨会（Keystone symposia）——基史东是美国一个著名的滑雪胜地，那里常常举办各种会议。在研讨会上，他站在毫无心理准备的几百名免疫学家面前，向他们展示免疫细胞与其他细胞相互作用的图像，这些图像显示，细胞之间的接触地带，有牛眼图案的蛋白质聚集体。在这些影像上，两个细胞接触，就好像两个球挤在一起，在其压扁的接触面上，一个标红的片状蛋白质的周围，围绕着另一个标绿的环状蛋白质。在此之前，无人想到过这些蛋白质在细胞接触时，居然会形成这样的模式。这令人想起在神经元突触上许多分子组合在一起时形成的结构。

从那时开始，人们开始使用"免疫突触"来描写免疫细胞和其他细胞接触时的情形。神经元突触和免疫突触都有环状蛋白质，这样能够提高细胞间的片状蛋白质之间的黏附能力。对于基史东专题研讨会上的观众而言，库普弗的图像明晰易懂，立刻让人想到，人类的思考和检测病毒的方式，都是通过在细胞之间的接触处进行复杂的分子编排。研讨会的一位免疫学家、在牛津大学工作的安东·范·德·默罗（Anton van der Merwe）对这场盛会记忆犹新：

我记得我们第一次看到这些美丽的影像，震惊得说不出话来。虽然他的讲话超时了，但是没有人想要离开。他完成讲座后，全场响起了热烈的掌声，以及随之而来的无数的问题。当主席宣布提问时间到此为止之后，还有很多人围着阿维继续讨论。

你为什么与众不同
——相容性基因

当时在圣路易斯华盛顿大学医学院工作的迈克·达斯汀（Mike Dustin）和他的团队也拍到了免疫细胞的影像，但是却得到了一个有趣的扭曲画面。他们并没有给两个相互作用的细胞成像，而是将一个细胞换成了替代膜，即一个用真实细胞的脂肪分子在载玻片上摊成一个扁平面膜状物，以模拟细胞表面。当免疫细胞放在这个载玻片上的细胞表面模拟物上（即替代膜）时，他们可以看到标记不同颜色的蛋白质发生剧烈的运动。这个人造系统更容易成像，因为显微镜能快速捕捉载玻片上摊开的扁平状突触的图像。他们的方法显示，免疫突触是动态的，所以当 T 细胞对"非我"（肽）发生反应时，蛋白质的分布会发生改变。

我在相容性基因研究方面所作出的贡献便在此了。当我和杰克·斯特罗明格一起在哈佛大学工作的时候，也发现了一种结构化的免疫突触，但是这一次，我发现的是由人类自然杀伤细胞（NK 细胞）形成的免疫突触。我的研究是独立完成的，并没有和库普弗、达斯汀合作。现在我仍能回忆起当时看着电脑屏幕，看着当细胞接触时，标有不同颜色的蛋白质聚集在一起形成的模式，简直是，如梦如幻。我没有想到我居然能做出那么重要的发现，心里很是忐忑，就要当时的女朋友（现在是我的妻子，她并不是学生物的）来实验室

278

自己来操作一番显微镜，为的是要确认一下我没有犯任何错误。我的研究显示，突触对不同类型的免疫细胞都极为重要，而且不同的突触组合结构能激发或关停免疫细胞。我的研究和库普弗、达斯汀的一起，打开了新科学的大门：分子持续改变的组合排列，控制着免疫细胞的相互作用，在需要时激发或关停这些免疫细胞；这一切，与神经元突触所做的事情类似。

神经元和免疫突触之间一个重要的差异是，神经细胞会比较长时间的保持联系，常常是数年，而免疫细胞则与其他细胞保持关系的时间相对比较简短。免疫细胞必须快速估量另外一个细胞的健康状况，然后换下一个。免疫细胞可以在 5~10 分钟内杀死一个肿瘤细胞或感染了病毒的细胞，然后去检查另一个细胞是否有恙。

除了形成突触外，神经细胞专攻的另外一件事，是使用长突起或轴突去连接远处的其他细胞。教科书中关于免疫细胞的观点是，免疫细胞并不会这样，轴突是神经元专有的形式。但是在此，教科书所呈现的观点并不能解释一切，免疫细胞也许确实能够触碰到距离较远的其他细胞，虽然接触的时间更短。我的研究团队，以及其他的研究者都观测到，在免疫细胞和其他细胞之间，确实有由细胞膜构成的长管。我把这些长管连接称作"膜纳米管"，这些管状物能够在距离较远的细胞之间构建一种新的沟通机制。但是也是因为拥有这些膜纳米管连接，有些病毒，如 HIV，可能会利用这些连接快速地在细胞间传播。能导致疯牛病的一些危险的蛋白质，即感染性蛋白质，也能沿着纳米管在细胞间移动。但是这些纳米管太过细小，很难检测到，而且纳米管什么时候在身体的什么地方形成，仍然是个悬而未决的问题，这也是研究的另一个前沿领域。

无论这个关于免疫细胞的特殊点是否重要，现在都很明显，免疫系统和神经系统在很多层面都相互交缠。他们应该是同心协力的，因为它们共用了许多分子组成和细胞结构，这也是人类生物学中许多当代研究中出现的主题。当我们努力想要弄懂一个普通的细胞中几十亿个蛋白质是如何移动、增殖、建构大脑或抵御细菌和病毒的侵扰时，我们就已经开始发现，身体的这么多部分是如此的紧密相连。人类基因组计划显示，每个人类都有 25 000 左右的基因，这个数字比大多数科学家们之前预期的要小得多，现在我们明白为什么会这样了，因为基因身兼数职，因而不可避免的，身体不同的部分其实都是相互关联的。

免疫系统和神经系统通过相容性基因而联系在一起，这一点特别令人着迷，因为人与人之间的相容性基因差异巨大。我们知道这些差异在免疫系统中非常重要，那么有可能大脑也受其影响。然而，我们不能否认，现在我们对此知之甚少，知识总是止步于某处，这让人难以满足。要想知道得更多，有3个选择：①坐等。②穿上实验服，继续深挖。③鼓励孩子们去思考，也许他们能找到答案。也许我们应该从开始时就已明白，我们现在所有的任何关于大脑的知识都微不足道，人人都知道，这个领域，问题无穷无尽，而答案，则来得那么艰难。如胡贝尔所说：

我们呼吸、咳嗽、打喷嚏、呕吐、交配、吞咽、撒尿；我们做加减乘除、说话，甚至争吵、写作、唱歌，撰写四重奏，写诗歌、小说和喜剧；我们打篮球、玩乐器。我们感知、思考。一个要做这么多事的器官，怎么可能不复杂呢？

人类生物学中，最神秘的就是大脑。但是关于生育，至少我们已经接近了解真相了。你猜怎么着，相容性基因也在那个领域露面了。

成功怀孕的相容性

写这一章，并不需要使用饱含诗意、充满个性、引人入胜或睿智哲思的语句，因为内容本身就极具爆炸性，所以简单的两句话就已足够：我们的免疫系统基因之极具多样性，会影响到是否能成功孕育后代。有些配偶，因其免疫系统基因特定的组合方式，怀孕后容易流产，或者在孕期出现其他问题。这就将相容性基因的研究延伸到了人类生物学一个完全不同的领域，把两股控制人类生存的最强大的自然力量关联到了一起：一是对抗疾病求取生存，二是成功繁衍后代。

人们长久以来就认为怀孕对免疫系统而言，是一个大问题。彼得·梅达沃在 1953 年发表了一篇很有影响力的文章，使这个问题成了焦点。从他的实验，以及他同时代科学家伯内特的理论，他知道，一旦检测出"非我"，就会引发免疫反应，就是这个造成了移植手术中的排斥。梅达沃意识到，胎儿的基因有一半来自父亲，那为什么母亲的免疫系统不会像对付移植体一样，因为胎儿与本体不同就对胎儿加以袭击呢？每一位母亲子宫内的胎儿都必须击败那些使移植得以成功的正常规则才能生存下来。由此，梅达沃认为，怀孕呈现出一个悖论，因为母亲必须养育，而不是排斥，那个在基因上和"自我"不同的"非我"组织。

梅达沃认为，这一悖论最有可能的答案是，人体有一种东西把胎儿同其母亲隔离开来，不过在这方面，他的研究并没有取得多少进展。他说的没错，胚胎和母亲并没有直接的接触，胎儿在羊膜囊内发育，胎儿的血液循环系统和母亲的也是分开的。羊膜囊内，来自胎儿的细胞，其基因和母亲的不同，这些胎儿细胞和母亲的免疫系统打照面的地方是在胎盘，而胎盘是母亲体内生长9个月的器官，将处于发育阶段的胎儿和母亲通过脐带连接起来。胎盘是绝对不能发生免疫反应的地方，这也应该是梅达沃的悖论的答案。

人类胎盘位于母亲子宫的一侧，其主要功能是允许营养物质和气体在母亲和胎儿之间传递。胎盘的结构和胎儿的出身，动物之间差异很大。地球生命的多样性令人着迷，但同时也让试图解开妊娠基本原理的科学家头疼。在人类生物学的这个领域，对动物的研究无甚用处。但是跟人体的很多器官不同，胎盘相对比较容易获得，所以我们对制造胎盘的细胞及其细胞的整体解剖结构了解颇多。

人类胎盘中，母亲的血液流经胎盘细胞制造的指状突出的绒毛。这些绒毛含有胎儿血液，用于收集气体和营养物质，绒毛外头裹有滋养层细胞。这些滋养层细胞实际上是胎儿的细胞，直接与母亲的组织接触。还有一种直接和母亲组织接触的胎儿细胞称绒毛外滋养层细胞。这些胎儿细胞直接侵入母亲的子宫，影响母亲的动脉壁，以帮助保证有足够的血液，让胎儿吸收营养物质。来自胚胎的滋养层细胞和绒毛外滋养层细胞接触到母亲的地方，是母子间以一种最为亲密的方式联系在一起的区域。

由此，只要弄懂滋养层细胞，就能回答梅达沃的悖论了。一个可能的解释是，滋养层细胞会和母亲的血液接触，但是不会跟她的免疫细胞接触，也就是说，如果母亲的免疫细胞受到阻止，在妊娠期不能进入子宫，那么子宫就和身体内的眼睛和睾丸一样享有特权，成为不会发生免疫反应的特区。著名科学家，梅达沃的三人组之一的鲁珀特·彼林汉姆（Rupert Billingham）在 20 世纪 60 年代就有了这个想法，并对此进行了深入研究。但是和其他人一样，他发现，免疫细胞在妊娠期能到达子宫，并在子宫抵抗感染。所以这种解释不对头。

梅达沃的悖论的真正答案，部分在于来自胎儿的滋养层细胞和几乎所有其他种类的细胞都不一样，滋养层细胞无法引发强力的免疫反应。确切地说，滋养层细胞不会制造蛋白质 HLA-A 和 HLA-B，而身体内其他所有种类的细胞都能制造。滋养层细胞能够制造 HLA-C 蛋白，但是因为少了 HLA-A 和 HLA-B，母亲的 T 细胞在滋养层细胞上所能锁定的蛋白质就没有多少了。这样，滋养层细胞就不会激活母亲的 T 细胞。

这个情况，类似于有些病毒感染细胞后干扰 HLA 蛋白，这样 T 细胞就检测不到任何问题。但是如果发生这种情况，人类体内另一种免疫系统的武器能发现问题，这就是自然杀伤细胞（NK 细胞），通过检测"缺失的'自我'"而得到激活。在细胞表面没有 HLA 蛋白，本身就是有麻烦的迹象。所以如果滋养层细胞与生俱来就缺乏 HLA 蛋白，以避免来自母亲的 T 细胞的免疫反应，那为什么不会激活母亲的 NK 细胞呢？

一个假想是，即使母亲其他的免疫细胞能够进入子宫，NK 细胞在妊娠期根本就不进去。如果事实如此的话，有哪些种类的免疫细胞会进入呢？三位在这个领域做出开拓性贡献的英国女性在 20 世纪 80 年代末分别回答了这个问题。一位是阿什利·莫菲特（Ashley Moffett），当时在剑桥大学和出生于马来西亚的查理·洛克（陆容威）（Yun Wai [Charlie] Loke）一起工作。洛克当时已经年逾五十，而莫菲特尚未成为一名知名的科学家，忙于自己的科学研究，临床方面涉猎不多。洛克和莫菲特的长期合作，始于莫菲特发现了出现在子宫的免疫细胞的种类，他们的研究成果让我们知道免疫系统和怀孕之间有着出人意料的联系。

洛克生于 1934 年，工作后一直在马来西亚教医学，在 1967 年转到剑桥读书，毕业后留在剑桥工作，在剑桥待了 35 年，直到 2002 年退休。他的声誉建立于 1986 年，是为了详细研究而将滋养层细胞从人类胎盘中分离出来的第一人。莫菲特说洛克"无论是穿着纱笼和斜纹软呢夹克，还是穿着猩红色的学位礼服"，都是一副乐滋滋的样子。

洛克和父母关系并不亲近，小时候一直是由奶奶带着。从 13 岁开始，他就去了英国的寄宿学校。他一直想成为海洋生物学家，最后学了医学，因为在寄宿学校，别人告诉他，医生是个不错的工作，海洋生物学就不那么靠谱了。同样也是在寄宿学校，他被称为"查理"，因为没人能读出他的本名"容威"。在那里，他一直都是个外人，即使在剑桥待了那么长时间，一旦话题围绕着他不太清楚的社会问题，他就感觉被排除在外，这让他即使有朋友和同事的陪伴，也甚觉孤独。

在去英国的寄宿学校前，1941 年，当马来西亚被日军占领时，洛克和他家人一起从马来西亚逃到新加坡。后来他家再次搬迁，生活在日军占领下的吉隆坡，生活资源匮乏，只有糙米饭可吃。在他的记忆中，人们迫不得已不得不四处迁徙求生，这一切，影响了他的一生。在参加科学会议期间，他从不加入组织的观光旅行团，因为他很不喜欢这种罔顾个人意愿、一大群人就像被赶着到处跑的羊群一样游玩的方式。他热爱自由，也不愿意自己的思想被禁锢。当然，他也确实像所有的科学家那样自由。他来自一个异常富裕的家庭，他的祖父在马来西亚创立了锡和橡胶工业。所以如果他搞科研没法通过正常的同行评审系统拿到项目资金的话，可以自己拿钱出来。

　　莫菲特和洛克开始合作时，莫菲特刚刚从五年生三子的生产假中返回工作岗位。她首次遇到洛克时还是一个本科生，之后学医时，她的同学中大约有 250 名男生，20 名女生。莫菲特学的专业是神经病学，但是找到的工作，却是在剑桥的一家妇产医院搞病理学，因为该医院当时只有这个职位。很快，她意识到，在妇产医院工作实在是太忙碌了，一天 24 小时都有婴儿降生，和别人的工作时间完全不一致。莫菲特的工作是通过活体组织切片和医学笔记，诊断病人在妊娠阶段是否出现问题，但是当莫菲特询问为什么通过活体组织切片就能判断妊娠阶段出现了什么问题时，似乎没人知道，没人有时间去考虑这个问题。活体组织切片能显示出妊娠期间出现问题的迹象，但是没人知道为什么。

　　莫菲特常常处于半睡半醒的状态，在工作中是孩子，回到家还是孩子，令她困倦至极，但是她还是想知道为什么女性怀孕时会碰到各种各样的问题，其中，她常碰到的一个问题是先兆子痫。先兆子痫是由胚胎着床异常引起的病症，病人有高血压，胎盘中的血流不良。如果没有检查治疗，先兆子痫将发展成为子痫，病人可能会惊厥或昏迷，继而可能身亡。莫菲特看着那些活体组织切片，不由得思考，为什么有些女性会有这种毛病，而有些女性却没有。她找不到答案。其他疾病的研究很多，独独这一个，无人问津。那么多人研究癌症，甚至是很罕见的癌症，却没有什么人去研究先兆子痫，这疾病影响了 6%~8% 的孕妇，实在太不公平。先兆子痫一般用剖宫产或诱导分娩的方法解决，让婴儿提早降生，但是有些时候，只能流产。这些干预措施能够拯救性命，但是早产儿常常会有别的问题，而这一切最根本的原因在于未做好产检。莫菲特认为，如果先兆子痫是男性疾病，绝对不会受到这样的漠视。

　　每次调整好显微镜的焦距，莫菲特不仅仅是寻求一个诊断，她要找寻导致先兆子痫的原因。又一次，她在玻片上检查的时候发现子宫内的免疫细胞常常有斑点，抑或有颗粒状的东西。当时其他的科学家已经在胎儿滋养层细胞侵入母亲子宫的地方发现了免疫细胞，但是这些免疫细胞的身份并不明确。莫菲特记得她读过的文章上说 NK 细胞的特点就是细胞表面有异乎寻常的斑点，她记得那是个主要的特征，用于确定人类 NK 细胞的身份。1987 年，她决定去见洛克这位当地知名的胎盘专家，去告诉他她在妊娠期子宫中发现了很多的 NK 细胞。她本期待这位老专家会大吃一惊，孰料他的反应很简单：NK 细胞是什么？

并不是洛克无知，而是在当时，NK 细胞鲜为人知。凯瑞的关于 NK 细胞检测疾病细胞的理论，也就是"缺失的'自我'猜想"，在当时才刚刚提出，也才刚刚开始引发争论。洛克得尽快了解 NK 细胞，所以邀请莫菲特离开医院，到他的实验室做一份全职的研究工作。洛克说，如果她真的能够证实子宫中存在大量的 NK 细胞，她可能永远都不用回到医院去照料病人了。莫菲特同意在 1987 年修一个短时间的公休假，而洛克的预言最终应验——莫菲特再也没有回到临床医学。

在洛克的实验室，莫菲特检查了子宫内的免疫细胞，对不同种类的细胞进行染色，系统地进行比较，最后确定，其中大部分为 NK 细胞。他们把实验结果发表在一个相对来说名气不那么大的专业期刊。洛克和莫菲特都不是在职业上野心勃勃的人，也没有想过要找一个名气大、级别高的期刊。除莫菲特外，当时还有两位科学家也发现了子宫中 NK 细胞的存在，一位是纽卡斯尔大学的朱迪思·布尔默（Judith Bulmer），另一位是牛津大学的菲利斯·斯达克（Phyllis Starkey）。布尔默是胎盘病理学的临床顾问，而斯达克后来离开科学领域步入政坛，在 1997 年成为工党议员，这给了她"一个机会，改变人们的生活，使之变得更好"。她在科学方面接受过教育和培训，这对她步入政坛可能有所帮助，正如懂政治的人，在搞科学方面也有助力一样。

这本书在描述科学研究时，早期基本上是男性科学家居多，到现在这个阶段，女性科学家开始逐渐进入主导层面，这并不只是个巧合。在本书叙述的这个时代，这 60 年中，女性在科学研究上的地位显著提高，这种趋势仍将继续，而男性科学家的刻板印象也变得过时，被人遗忘。

这三位女性科学家的关于胎盘的发现都发表在专业期刊上，而主流 NK 细胞研究群体，并非这些期刊的读者。NK 细胞研究者第一次听说这项发现，是在 1992 年，当时在佛罗里达圣彼得堡召开的 NK 细胞大会上，莫菲特的实验数据印在大会的宣传单上。那次会议议题围绕着 NK 细胞如何检测疾病细胞，而凯瑞的 NK 细胞寻找"缺失的'自我'"猜想刚刚开始得到接受。当时所有的关于人类 NK 细胞的研究都是使用从血液中分离的 NK 细胞。莫菲特说，子宫中有大量的 NK 细胞，研究人员可以从子宫中提取。与会者大惑不解。那时，这样的会议都是由男性主导的，所以大部分关于她的发现而提出的问题，也很简单，是："子宫是什么？"他们万万想不到，NK 细胞居然和子宫扯上了关系。

你为什么与众不同
——相容性基因

现在，我们都知道之所以有那么多 NK 细胞在子宫内，是激素黄体酮的影响造成的非常有特点的一种变化。作为每月周期性的改变，NK 细胞在子宫累积，而在经期前几天死去；如果是怀孕了，NK 细胞则会保留下来。"子宫是什么"不是该问的问题，该问的是，"这些 NK 细胞在子宫内干什么？"NK 细胞专门检测细胞缺失相容性蛋白的情况，而滋养层细胞的情况正是如此。到底是什么阻止 NK 细胞攻击胎盘中的滋养层细胞呢？

滋养层细胞有一种很特别的东西：虽然它们缺乏 HLA-A 和 HLA-B，但是细胞表面有一种特殊的 HLA 蛋白，HLA-G，这种蛋白质，在人体内其他地方几乎没见过。HLA-G 的形状同 HLA-A、HLA-B 和 HLA-C 的十分相似，但是和那些 HLA 蛋白不同的是，人与人之间 HLA-G 的差异并不大，是一种非经典 HLA 蛋白。

科学家在 20 世纪 80 年代末确定了 HLA-G 基因的身份，但是又过了很多年才发现该基因用于身体何处。早期关于蛋白质在胚胎中的作用引发了争议，因为不同的人对于 HLA-G 存在的证据构成有不同的看法。HLA-A、HLA-B 和 HLA-C 蛋白变体数量巨大，所以很难有什么反应物或反应过程来显示这就是 HLA-G，而不是别的什么 HLA 蛋白。最后，科学家们终于达成共识，在胎盘滋养层细胞内的，确实是 HLA-G。接下来的问题是，这种 HLA-G 蛋白在那里干什么呢？

HLA-G 蛋白的几个功能表明，它和其他的更常见的 HLA 蛋白干的活不一样。例如，HLA-G 蛋白会长时间待在细胞表面，而其他 HLA 蛋白针对细胞内正在制造的东西，反复递交最新报告。自从 1995 年始，科学家们的关注集中在滋养层细胞 HLA-G 是否会影响妊娠期内子宫里的大量的 NK 细胞。1996 年，几个团队分别发现，HLA-G 能关停 NK 细胞的杀戮行为，这表明，滋养层细胞内的 HLA-G 能把这些细胞标注为特殊细胞，专门告诉母亲的 NK 细胞不要杀死它们，这些胎儿细胞确实是"非我"，但是它们无害。这么一个伟大的发现，需要在不同的实验室重复地做类似的实验，这样才能让公众信服，所以不同的团队观察到 NK 细胞由 HLA-G 关停这件事，对发现得到广泛接受是非常重要的。但是事实上，这些团队在 HLA-G 的行为方式上，意见并不一致。NK 细胞到底是如何检测到 HLA-G 的存在，或者更确切点说，NK 细胞的哪些受体能够绑定 HLA-G，对此科学家众说纷纭。

原因之一可能是，每个团队都用的是自己实验室经过基因改造的细胞去制造 HLA-G。为了检测这个原因到底是否属实，有一个团队向另一个团队索取细胞样本以做一个直接的比较。这种要求本身会引发一种不信任，而送错了细胞就让事情变本加厉。在寄送细胞的过程中，一个团队的细胞有杂质，所以本该用含有 HLA-G 的细胞做的实验，结果使用的却是经过基因改造用于制造另一种 HLA 蛋白的细胞。并不是要点名批评某个个人或团队，只是这个事情显示，在科学进程中，总是混杂着人类日常所犯的错误，这种错误，比天才的灵光一现或者偶尔的突破，概率要大得多。

结果很明显，论文中某些数据完全错误。但是期刊并没有正式撤除论文，甚至连正式纠错都没有，尽管这个圈子里的每个人都知道这个错误的存在。我们现在知道，HLA-G 能以几种方式关停免疫细胞，但是会影响所有的 NK 细胞，还是只影响其中的一部分，尚不明确。无论是哪种情况，莫菲特和许多其他的科学家都认为，所谓"子宫的 NK 细胞必须关停"这一想法跟事实不符。研究者和科学家走了一个长达十年的弯路，因为当初的思考方向完全就是南辕北辙。

正如我们前面所讨论的，滋养层细胞缺乏常见的 HLA 蛋白，只有特殊的 HLA-G 蛋白，这种蛋白存在的目的就是关停 NK 细胞，以帮助滋养层细胞逃脱被追杀的命运，这一点，应该是有道理的。但是，在妊娠期子宫内有那么多 NK 细胞，这一点还是有点奇怪。它们去子宫，肯定不是为了被关停吧？莫菲特认为，梅达沃的关于母亲免疫系统是如何被关停的这一问题，有可能根本就问错了；我们应该要问，为什么免疫细胞要在胎儿和母亲接触的地方累积起来。她的看法是对的，因为再进一步看看这些子宫内的 NK 细胞，我们会发现，它们之所以在彼时彼地存在，其原因和我们最初的想法并不一致。

血液中的 NK 细胞，即自然杀伤细胞，之所以如此命名，是因为它们擅长杀死如肿瘤细胞这样的疾病细胞，而在子宫内的 NK 细胞却非常虚弱，无法杀死别的细胞。事实上，莫菲特最初的报告就显示出了这一点，但是在长达 10 年的时间内，这一事实一直被忽略了。人人都在努力要搞清楚子宫内的 NK 细胞是如何被关停的，而没有认真考虑它们是否真的需要被关停。

最终，其他的人跟上了莫菲特的思路。几个研究团队，包括哈佛大学的杰克·斯特罗明格的团队，也就是与比约克曼和威利一起弄清楚 HLA 蛋白形状的那个团队，也发现子宫内的 NK 细胞并不擅长杀戮。斯特罗明格发现，事实上，子宫内的 NK 细胞的数百个基因的行为模式和血液中的 NK 细胞的均不相同。子宫内细胞之所以也被称为"自然杀伤细胞"，是因为它们和血液中的 NK 细胞有许多相同之处，而且一旦被激活，它们也能发出致命一击，但是它们似乎并没有杀手的本能。所以，滋养层细胞使用 HLA-G 来对抗子宫内的 NK 细胞，这一点似乎并不那么重要。

如果杀戮并非本能，那 NK 细胞在胎盘内做什么呢？

雅库布·（雅各布）·汉娜（Yaqub [Jacob] Hanna），一位巴勒斯坦的阿拉伯人，和奥弗·曼德尔鲍姆（Ofer Mandelboim），一位以色列犹太人，同在耶路撒冷的希伯来大学工作，他们发现，子宫内的 NK 细胞根本就不参与杀戮，而是分泌生长因子和其他蛋白质，以刺激滋养层细胞进入母亲子宫。这意味着 NK 细胞在子宫内的作用不是杀死其他细胞，而是在妊娠早期帮助塑造胎盘的结构。其他的研究者发现，子宫内 NK 细胞在小鼠体内也有建设作用（当然，小鼠妊娠和人类妊娠还是有很大区别的）。例如，有一个研究甚至发现，一个骨髓移植手术，因其移植的骨髓带有大量的免疫细胞，可以逆转小鼠的某些生殖问题。所以，NK 细胞在子宫内并不是充当杀器，也许只是帮助血液在胎盘流动，使受孕成功。

这个观点现在仍然有人持不同看法，因为很难直接检测NK 细胞在女性的子宫内到底做了什么，也因为很难获取大量的子宫内 NK 细胞。例如，汉娜和曼德尔鲍姆的研究需要使用的组织数量巨大，若是来自子宫，需要超过 550 次选择性堕胎才能获取足够数量的 NK 细胞。为了增加子宫内 NK 细胞的数量，科学家可以在实验开始前在实验室培养，但是在实验室培养的细胞，其某些特性可能会发生很大的改变，而且其行为也许与在子宫内的非常不同。现有证据证明，汉娜和曼德尔鲍姆的发现，是 NK 细胞在其自然环境下的表现。

尽管小鼠身体和人类身体很不相同，小鼠的 NK 细胞在妊娠期中在子宫内也与滋养层细胞发生相互作用。NK 细胞的活动会影响妊娠期内母亲子宫血管的扩张程度。小鼠并不会罹患先兆子痫或子痫，但是子宫内供血的水平会在其他方面直接影响到其繁殖的成功率。对于小鼠而言，子宫内的血流量高，就能更好地孕育较大的个体或增加产子数。所以，即使身体结构有所不同，实验已经证实在许多物种中，妊娠和免疫系统基因都有关系。因此，许多科学家认为，NK 细胞帮助胎盘中的血液流动，所以，激活这些免疫细胞对妊娠只有好处，没有坏处。

如果 NK 细胞在子宫内可以提供帮助，不需要关停，那么在子宫中，HLA-G 又有什么用呢？它是干什么的呢？莫菲特、曼德尔鲍姆还有许多其他科学家的回答很简单，只有三个字：不知道。但是研究 HLA-G 是否可以关停 NK 细胞的那段弯路，其实并没有白走。各团队在研究时发现，肿瘤细胞，也许还有其他的疾病细胞，能盗用 HLA-G 为己所用。也就是说，有些肿瘤能自己制造 HLA-G，以抵制免疫细胞的袭击。这表明，HLA-G 实际上能够作为一种抗肿瘤药物的标靶，或者能作为一种诊断标志，来帮助寻找特别危险的肿瘤。在医疗方面 HLA-G 可能还有一种用途，使用其移植免疫反应的能力，将之用在器官移植上。时间会告诉我们这些临床应用到底是否可行。

所有这些关于滋养层细胞和 NK 细胞的知识，虽然迷人，但是并没能回答莫菲特最初的问题：为什么有些女性会有先兆子痫，而有些女性不会。所以，在洛克于 2002 年退休后，莫菲特认为他们需要采取完全不同的方式直接测试免疫系统在妊娠期的重要性，她决定去弄清楚，某种特定的免疫基因，或者来自父母的基因组合，能否决定妊娠的成功率的高低。

莫菲特是在琢磨细胞是如何在胎盘相互作用时想到这点的：在滋养层细胞的表面，有胎儿的 HLA-C 蛋白，其中包括遗传自父亲的部分。这些滋养层细胞接触到母亲的子宫 NK 细胞，其 HLA 蛋白就可能会削弱或加强 NK 细胞的活性，至于到底是削弱还是增强，主要看母亲 NK 细胞上的受体是如何对胎儿继承的 HLA-C 变体作出反应的：可能会影响 NK 细胞分泌生长因子的水平，影响胎盘的血液流动，继而影响到妊娠是否成功。莫菲特认为，如果这样的话，母亲 NK 细胞受体基因和胎儿继承的 HLA-C 基因（来自母亲以及来自父亲）结合起来的话，可能影响到妊娠的成功与否。

家族史和基于人口的研究已经表明，先兆子痫的易感性可能是遗传的，但是无人知道是哪些基因在起作用。莫菲特的想法不错，但是很多不错的想法在检测的时候常会翻车。正如达尔文的朋友托马斯·赫胥黎（Thomas Huxley）所言：许多美丽的理论都是被一个丑陋的事实杀死的。为了找到合适的方式检测自己的观点，莫菲特不得不做一个基因研究，以冀发现母亲的 NK 细胞基因和胎儿 HLA-C 基因是否和妊娠的成功与否有关。她对 200 名有先兆子痫的女性的血液和相同数量的正常妊娠的女性的血液进行基因检测，她们的孩子的基因则通过脐带血或口腔采样取得并作分析。

你为什么与众不同

——相容性基因

莫菲特发现，没哪个特定 HLA-C 变体和母亲是否有先兆子痫有关。但是，当胎儿遗传了 HLA-C 的某些变体，而母亲又有某种特定的 NK 细胞受体基因时，患先兆子痫的风险加大。这些数据可以解释成：父母之间的某些基因组合，可以导致滋养层细胞在一定程度上关停 NK 细胞。HLA-C 可以关停 NK 细胞，这一点我们在"缺失的'自我'"那一章讨论过。所以胎儿遗传的 HLA 蛋白可以抑制母亲的 NK 细胞，主要看遗传的是 HLA-C 的哪些变体，以及母亲的 NK 细胞受体基因是哪些。这种组合可能会让 NK 细胞减少生长因子的分泌，导致胎盘血液流动不足，造成妊娠期出现问题。这个发现看似合理，同对父母和孩子的基因分析结果一致，但是事实上，这些基因是如何影响先兆子痫的发病率，尚不明确。当然，即使不够了解，这些结果也仍然显示，我们的免疫系统基因之间的差异，对于生育确实能够产生影响。

除先兆子痫外，胎盘缺陷还能造成其他妊娠期的问题，如反复流产。在英国，3% 的配偶有 3 次或 3 次以上的连续流产，这个比例比偶发率要高，表明有些配偶比较容易流产。反复流产可能有许多原因，其中之一就是胎盘供血不足。莫菲特想要知道反复流产的配偶中，特定的免疫系统基因的组合的概率是否较高，结果发现，HLA-C 和 NK 细胞受体基因的特定组合与反复流产的风险有关，这个结果和先兆子痫的检测结果类似。这一次，她的分析显示，一种增加 NK 细胞活性的受体蛋白具有保护作用。这也支持"激活子宫 NK 细胞有益于妊娠"的观点。

莫菲特还发现，与前面所说的检测结果类似，胎儿发育不良，即胎儿生长受限，也与 NK 受体基因和 HLA-C 的特定组合有关。这里的基因联系再一次和"激活，而不是过分抑制子宫 NK 细胞，有益于妊娠"的观点一致。总而言之，莫菲特的基因研究系列表明，当配偶拥有特定的免疫系统基因组合时，妊娠的成功率更高。

这并不意味着你必须有这种或那种基因遗传，或者你必须和这个人或那个人生孩子，因为妊娠遇到这些风险的概率本来就很小，而基因组合对这样本来就很小的风险的影响也只是一点点。如艾萨克·阿西莫夫（Isaac Asimov）所说，在考虑气体行为时，你不知道单个分子会做什么，但如果你考虑数万亿，数万万亿和数亿亿个分子在做什么，你就能非常准确地搞清楚一般来说他们要做什么。这里也是一样，这些小的影响并不能让我们预测到谁会在妊娠的时候出现问题，但是它能把人类整体的模式表现出来。

我们现在只是在起步阶段，但是已经得到许多启示了。首先，这些发现为解决生育和妊娠问题提出了新的思路，所以可能在临床上会带来好处。因为这些免疫系统基因只会对总体风险造成很小的影响，所以很难预测哪对配偶在妊娠时可能出现问题，尽管如此，我们还是可以通过检查妊娠期子宫内 NK 细胞的活性来帮助诊断。这方面的难点在于如何评估子宫内 NK 细胞的活性。从母亲手臂抽血来获取 NK 细胞，比获得子宫内 NK 细胞要容易得多，但是，通过检测血液细胞获得的信息，对了解子宫内细胞的情况是否有帮助，现在尚不清楚。一旦检测出问题，如何才能最好地调控子宫内 NK 细胞的活性，也仍然是个谜。注射激素也许能改变子宫内 NK 细胞的数量，但是我们还不清楚，影响妊娠结果的，到底是 NK 细胞的数量，还是它们的活性程度。在未来，可以用临床试验来评估能不能使用药物来调控 NK 细胞，以帮助解决妊娠时出现的问题。

除了为医学提供新思路，这些发现还揭示人的本质中的某种要素。生育繁衍用到这些变化多端的免疫系统基因，也许只是巧合，也许我们不应该再继续深究下去，因为这样毫无意义，就好像输精管多绕了一段路，知不知道其所以然，其实无关紧要。但是我觉得，这个和输精管多绕了一段路还真不一样，免疫细胞在生殖繁衍中发挥作用，这一点肯定非常重要。成功繁衍和抵抗疾病，这两种之间必定一直维系着基因的联系，因为这样，对人类有益。

输精管从睾丸到尿道，多绕一段路，并没有多少损失，所以这个管子要走的路线是不是越短越好，其实并不要紧。与之相对的是，基因面临着巨大的选择压力，遗传什么基因，会影响到是不是能成功生育，或者是不是能从疾病的打击中存活下来。它们就是这样，能直接决定谁能生下来，谁能活下去。在其他条件相等的情况下，能减少母或子死亡风险的基因必须在人群中迅速繁衍开来。

在历史上，在医疗帮助解决难产问题之前，尤为如此。可悲的是，即使在 21 世纪，在医疗条件差的国家，每百名母亲中大约就有一人死于分娩。这就意味着，在没有医疗护理的情况下，母亲在分娩期间或分娩后不久死亡的概率，应该高于这个 1/100。这表明，那些能够保护母亲不至于死亡的基因即使是一点点(包括那些可以预防子痫的基因)就是天选，能得以保存流传。

与此相似的是，能保护人体免受疾病侵害的基因，尤其是保护人体在生育前免受致命疾病杀死的基因，必定也会在人群中迅速繁衍开来（在其他条件相等的情况下）。因为只要那种疾病流行，在随后的一代人中，这样的基因出现的频率就能迅速增加。即使是抵抗那些不致命的疾病，也能够影响繁衍的成功率，因此得以选择，一代又一代，保存流传。所以，全人类的免疫系统基因的变化，肯定会受到它们在繁衍和生存中所起到的作用的影响。

所以，事情应该是这么发展的：有些相容性基因的组合特别能够抵抗某种疾病，这些变体就在这个人群中传播开来。但是成功怀孕，对同样的这些基因变体有其他的要求。相容性基因的变体，以及其他免疫系统基因的变体，有利于繁衍的，在后代中会受到青睐。对同一个基因组的这两种压力在总体选择中会趋向平衡，也就是说，帮助人类战胜疾病的基因和帮助人类孕育后代的基因，两者之间保持平衡。简而言之，结果就是，使这些基因保持多样化。

尽管在理解人的本质方面已经取得了飞跃，梅达沃的悖论仍未得到解决：我们仍然还是不知道为什么胎儿没有受到母亲的免疫系统的攻击。不过，在寻找答案的过程中，我们知道，子宫的免疫细胞可以帮助提高怀孕的成功率，而不是妨碍怀孕。人类调节怀孕和分娩的基因的差异性并不大；最多变的基因在帮助构建两个人之间最亲密的接触——胎盘。

没有哪个相容性基因组是完美无缺的，所以人类就有了这么一套复杂的系统。你遗传的相容性基因的变体会让你更易感染某种疾病，或者更不容易感染某种疾病，但是没有哪种基因能保护你抵抗所有的疾病。很有可能这就是为什么妊娠（尤其是胎盘内细胞之间的相互作用）会影响到哪些基因会遗传给下一代。实际上，成功妊娠的要求有助于保持相容性基因的多样性。

没有这一过程，某种流传广泛的致命的疾病就会有利于某种特定变体的相容性基因遗传给下一代，最终导致这些基因的变异范围变窄，从而可能会使人特别容易得另一种病；而由于人群中相容性基因的变体较少，这种病就不容易对抗。具体是怎么回事，现在还说不太清楚，需要进行更多的研究。历史学家经常把物理学和数学称为精确科学，生物学并没有包括在内，因为生物学总是有点混乱（至少到目前为止）。

综上所述，相容性基因把生物学的不同方面联系在一起，从怀孕到免疫，多方面影响着我们什么时候死，怎么死。基因的多样性织就了一套免疫防御系统，在每个人身上发挥着作用，在人类整体也发挥着作用。从梅达沃到莫菲特，六十年的探索，无数的科学家的努力，向我们显示，相容性基因让我们每个人独一无二，也让我们所有人患难与共。

后 记
——

是什么使你与众不同

　　免疫系统的工作方式影响着人类很多方面，我们的身份和生命，在很大程度上，都受到了对疾病永不停止的斗争的影响。这是最重要的奇迹，也是我写这本书的原因。但是在日常生活中，对每个人而言，相容性基因遗传也有其实际意义。例如，我和我的妻子，我们更容易得什么病，更不容易得什么病？或者，也许更为重要的，根据那些带体味的 T 恤实验结果，我和我妻子到底有多相容？

　　为了发现答案，我们弄了些唾液，搁在小的塑料管中拿去分析。结果出来前，我们有几天的时间来考虑一下这些结果会对我们有什么影响。如果我们的基因说我们俩特别相配，会不会让我们夫妻的关系更为亲密？如果结果说我们并不是完美的一对，我应该找一位律师吗？如果爱情是盲目的，可以无视基因吗？既然我们的寿命可能受到基因的影响，我们还应该了解自己遗传了哪些基因吗？

307

我们的房子变成了候诊室，感觉某些极为私密的东西即将曝光。

我们的唾液送到了安东尼·诺兰（Anthony Nolan），那是一个英国的慈善机构，帮助给移植手术的捐赠者和接受者配型的地方。塑料管上贴了标签，经过一系列的仪器处理，首先分离 DNA，然后提取相容性基因拷贝。附有不同短片段 DNA 的小粒物质放入含有基因的溶液中，适合和相容性基因绑定的小粒 DNA 用传感器挑选出来，显示出我们的基因是哪些版本。这样，在 21 世纪，个人隐私就这么暴露出来。

我妻子凯蒂，一类 HLA 基因有 A*02、A*03、B*07、B*27、Cw*01，二类基因有 DRB1*01、DRB1*07、DRB7*01、DQA1*01、DQA1*02、DQB1*05 和 DQB1*03。我自己的一类基因有 A*30、A*68、B*44、B*13、Cw*06、Cw*05，二类基因有 DRB1*08、DRB1*11、DRB3*02、DQA1*04、DQA1*05、DQB1*03 以及 DQB1*04。史蒂夫·马什（Steve Marsh），安东尼·诺兰研究部副主任，很快地瞄了一眼这两个单子，说我的很罕见，而我妻子的很常见。

我立刻想起威德金的 T 恤实验，说女性比较喜欢不同版本的相容性基因拥有者的体味。但是再想想，既然我的基因非常罕见，那每个人都会觉得我很性感，很有吸引力。哎呀，我可没有想到会有这样的结果。为什么年轻的时候我没能知道这个呢？

试图抛开脑海中的"可惜失去机会了"的念头，把心神集中在科学问题上，我问马什：我的到底有多罕见？马什比对了一下为移植手术匹配而设的有 1800 万人的相容性基因的国际数据库，说只有 4 个人跟我一样。1800 万人中只有 4 个，我确实非常特别（我就知道）。即使这 4 个人（一个在德国，三个在美国），和我也并不完全一样。如果我们真的要为骨髓移植做一个匹配的话，还需做更精确的 DNA 分析，因为这项分析没有包括相容性基因的次要的变体。马什告诉我这些结果后，他看向我，直截了当地说：别生病。这句话打消了我之前对于我的体味特别受人欢迎的幻想，意识到如果我真的想要找一个匹配的移植捐赠者，恐怕绝不容易。

我说我妻子的很普通，意思是她的基因比我的更为常见。但是在 1800 万人的数据库里，和她基因相似的，也只有 185 人，并不是我以为的 100 万人中只有她一个，而是 10 万人中，她是独一无二的。马什本人的相容性基因组特别常见，但是在这个数据库中，和他匹配的，也只有几百人。在英国，最常见的 HLA 基因组出现的比率不到 0.5%。

是什么使你如此的与众不同？是你的免疫系统。

换个角度来看这个问题，大约有 6% 的人无人能匹配。也就是说，在这个有 1800 万人的国际数据库中，约有 100 万人的相容性基因独一无二。这样，性吸引力就完全不是问题。带体味的 T 恤实验以及类似的实验引起了诸多争议，但是即使这种实验和结论完全正确，即女性的确更喜欢相容性基因不同的男性的体味，我们也不用担心，因为所有的人，都跟别人相当不一样。

有些相亲机构会检测 HLA 型来帮你找到完美的灵魂伴侣，他们用计算机来计算一种基因和另一种基因的差异有多大，也就是说，他们不会只说 A*02 和 A*03 不同，而是评估这两种基因变体的不同到什么程度。但总的来说，现在尚无证据证明这种做法对幸福婚姻这么复杂的东西有任何帮助。基因很重要，胡萝卜的种子种不出大头菜，但是基因并不能决定一切。重要的在于你如何处理你遗传的基因。我和我妻子之所以相容，是因为我们共享经历，以及魔法加成。

如我们前面讨论的，HLA 类型有地理特征，所以我们拥有的相容性基因组也能显示出我们的祖先是谁。因为相容性基因组一般是同时遗传的，所以可以确定哪些基因是同时来自父母。例如，我从父母中的一个遗传了 A*68、B*44 和 DRB1*08，从另一个遗传了 A*30、B*13 和 DRB1*11，因为这些基因常常成组地出现在人体中。然后，我们可以检查这些基因组常常出现在世界的什么地方。

我妻子所有的 HLA 基因在西欧最常见，我们所知道的她的家乡也是在西欧，所以这两个是一致的，并无冲突。出人意料的是，她的一些 HLA 基因在尼安德特人身上也能找到，简而言之，很有可能她的祖先是与尼安德特人的杂交种。我的就不一样了，我的血统更加纯正。现在我挺期待在下一个圣诞节午餐时，和她的家人讨论一下我妻子的尼安德特人血统。

而我呢，我的一组 HLA 基因，A*30、B*13 和 DRB1*11 在欧洲很常见，尤其在东欧，另一组基因，A*68、B*44 和 DRB1*08，在印度或澳大利亚较多，这就解释了为什么我的相容性基因组如此罕见的原因。并不是单个的基因罕见，而是这样的基因组合非常少，因为这两组常常是在世界上不同的地方存在的。我的基因东欧版很可能来自我的外祖父，他出生于波兰。我听说我的生父生于印度。我很小的时候就没见过我的生父，那时候我父母就已离婚。在这次基因测试之前，我从未想过我有印度血统。这么隐私的事情，就这么曝光了。

当然，这些基因对我们的健康至关重要。那我们拥有的基因版本是如何定义我们对疾病的易感性和抵抗力呢？参照我们前面举的例子，结果令人震惊。我妻子遗传了HLA-B*27，如果她感染了HIV，这个版本的基因对她有好处，但是同时也增加了她对自身免疫性疾病强直性脊柱炎的易感性。这对我们的生活意味着什么？并不会立刻改变我们的生活，因为即使有HLA-B*27，患强直性脊柱炎的风险仍然极小。但是如果她感到背部疼痛，她会立刻想到她携带有HLA-B*27，那在这种自身免疫性疾病真正发病前，就会去看医生，早日诊断早日治疗，这对我们可能会有利。

总的来说，没有人的相容性基因组会比别的人要更好或者更糟，在这个系统中并无等级制度。人与人之间有差异，这才是重要的事，物种进化以抵抗疾病，要求人类存在着差异性，对我而言，这个认知，是当代生物学给予社会的最伟大的礼物。

比尔·克林顿在 1992 年竞选总统时强调，一个国家的财政决定一切，他的竞选口号是："笨蛋！经济才是最重要的问题。"如果把人体生理拿来做一个对比，那么决定我们的生活和生存的就是免疫系统。笨蛋！免疫系统支配一切。

为了抵抗疾病，为了生存下来，我们这个物种一直在进化，直至织就了一个巨大的基因挂毯，而我们每个人，只是其中的一个碎片。

致 谢

特别感谢写这本书时采访的一些专家：布里吉特·阿斯科纳斯，加里·波尚，帕米拉·乔克曼，沃尔特·博德默，莱斯利·布伦特，德里克·布雷韦顿，玛丽·卡灵顿，玛格丽特·达曼，马克·戴维斯，伊丽莎白·德克斯特，彼得·多尔蒂，罗恩·日尔曼，克拉斯·凯瑞，吉姆·考夫曼，罗尔夫·基斯林，史蒂夫·马什，波利·马津格，休·麦德维特，安德鲁·麦克迈克尔，查尔斯·梅达，阿芙俪恩·米奇森，阿什利·墨菲特，乔恩·范·鲁德，埃里克·沙特，卡拉·沙茨，伊丽莎白·辛普森，安德鲁·斯特罗明格，杰克·斯特罗明格，阿兰·汤森，布鲁斯·沃克，克劳斯·韦德坎德，韦恩·横山，以及罗尔夫·津克纳格尔。我还同皮特·帕汉谈过几次，这些讨论对我的书影响也极大。

还要感谢史蒂夫·马什和安东尼·诺兰的团队（英国一家慈善机构，主要针对白血病和造血干细胞移植），他们为我和我妻子做了 HLA 基因检测。还有一些人在我写到某些问

314

题时，给予了我极大的帮助，他们是丹尼·阿尔特曼，豪尔赫·卡雷翁，安德鲁·吉迪，萨利姆·卡酷，奥夫·曼德波因，吉姆·麦克罗斯基，玛丽娅安·梅拉比，索菲·帕容，马克·普布胡。还要感谢对本书初版提出意见和建议的专家们，他们是布里吉特·阿斯科纳斯，玛丽·卡灵顿，乔治·科恩，理查德·道金斯，彼得·多尔蒂，史蒂夫·马什，皮特·帕汉，伊丽莎白·辛普森，杰克·斯特罗明格和克劳斯·韦德坎德。当然，如果本书还有什么错误，由我本人全权负责。

在写本书的时候，我还得到了许多其他机构和个人的支持。感谢我的研究团队中的每一个人，感谢伦敦帝国学院给了我一年的假，感谢曼彻斯特大学让我在该校完成了整个项目。《突变》一书的作者阿曼德·来罗伊对我的帮助特别大，他在我开始写本书时，便教我更仔细地阐述我的观点，在全书即将结束时，又告诉我该如何润色检校全文。感谢我的经纪人卡罗琳·哈德曼，她最初在克里斯托弗·利特尔文学经纪所工作，现在在哈德曼和斯万森事务所就职，这一路以来，她一直都在帮我，让我能尽快获得回馈。在佐伊·帕纳门塔事务所工作的沙拉·李维特也给予了我极大的帮助。还有艾丽斯·布朗，露西·海尔森，克莱夫·格纳，约尔·里克特，他们的努力让我的书从一开始就受到关注。

特别感激企鹅出版社的斯特凡·麦克格拉什和威廉·古德拉德，这两位在本项目开始就给予我莫大的支持。我在企鹅出版社的编辑托马斯·潘，他是《冬日王者》的作者，对我的写作和本书的结构设定也有非常大的影响。牛津大学出版社的编辑琼·博塞特给了我很多建设性的建议。还要感谢大卫·沃特森对我的书进行了细心的校对。最后要感谢的是我的妻子凯蒂，她参与编辑，并提出诸多建议，帮助我修改本书。我要感谢她，以及我们的孩子布莱欧妮和杰克，他们自始至终，一直都在支持着我。

图书在版编目（ＣＩＰ）数据

你为什么与众不同 ： 相容性基因 ／（英）丹尼尔·M.戴维斯著 ；
石海英等译. — 长沙 ： 湖南科学技术出版社，2022.4
ISBN 978-7-5710-1096-6

Ⅰ. ①你⋯ Ⅱ. ①丹⋯ ②石⋯ Ⅲ. ①人类基因－普及读物
Ⅳ. ①Q987-49

中国版本图书馆 CIP 数据核字(2021)第 146517 号

Copyright © 2013 by Daniel M. Davis
Published by arrangement with Hardman & Swainson, through The Grayhawk Agency
Ltd.

湖南科学技术出版社获得本书中文简体版中国独家出版发行权。
著作权登记号：18-2022-062
版权所有，侵权必究

NI WEISHENME YUZHONGBUTONG——XIANGRONGXING JIYIN
你为什么与众不同——相容性基因

著　者：〔英〕丹尼尔·M.戴维斯
译　者：石海英　谢　芸　郑晓石
出 版 人：潘晓山
策划编辑：邹海心　刘　英　李　媛
文字编辑：唐艳辉
出版发行：湖南科学技术出版社
社　址：长沙市芙蓉中路一段 416 号泊富国际金融中心
网　址：http://www.hnstp.com
邮购联系：0731-84375808
印　刷：长沙市宏发印刷有限公司
　　　　（印装质量问题请直接与本厂联系）
厂　址：长沙市开福区捞刀河大星村 343 号
邮　编：410153
版　次：2022 年 4 月第 1 版
印　次：2022 年 4 月第 1 次印刷
开　本：880mm×1230mm　1/32
印　张：10.25
字　数：182 千字
书　号：ISBN 978-7-5710-1096-6
定　价：68.00 元

（版权所有·翻印必究）